■本书系教育部人文社会科学研究青年基金项目"贫困村风险防范与危机应对研究"（项目编号：12YJC840036）阶段性研究成果

A Study of the Disaster Risk Response
in the Poor Villages

贫困村灾害风险
应对研究

田丰韶 著

中国社会科学出版社

图书在版编目（CIP）数据

贫困村灾害风险应对研究／田丰韶著 . —北京：中国社会科学
出版社，2013.6
ISBN 978 - 7 - 5161 - 2247 - 1

Ⅰ.①贫…　Ⅱ.①田…　Ⅲ.①农村—不发达地区—灾害管理—
风险管理—研究—中国　Ⅳ.①X4

中国版本图书馆 CIP 数据核字（2013）第 049306 号

出　版　人	赵剑英
责任编辑	孔继萍
特邀编辑	徐亚莉
责任校对	石春梅
责任印制	王炳图

出　　　版	中国社会科学出版社
社　　　址	北京鼓楼西大街甲 158 号（邮编 100720）
网　　　址	http://www.csspw.cn
	中文域名:中国社科网　　010 - 64070619
发 行 部	010 - 84083685
门 市 部	010 - 84029450
经　　　销	新华书店及其他书店

印　　　刷	北京奥隆印刷厂
装　　　订	北京市兴怀印刷厂
版　　　次	2013 年 6 月第 1 版
印　　　次	2013 年 6 月第 1 次印刷

开　　　本	710×1000　1/16
印　　　张	14.5
插　　　页	2
字　　　数	239 千字
定　　　价	45.00 元

序

　　贫困是困扰人类社会的难题。减缓或消除贫困既是社会发展的目标，也是反映社会发展状况的重要指标。我国是世界上贫困人口数量较多的发展中国家。长期以来，我国把减贫作为国家发展的重要目标和任务，实施了政府主导下的扶贫开发政策，减贫事业取得了举世瞩目的成就，获得了国际社会的广泛肯定。但是，由于贫困人口规模大、致贫因素多等因素的影响，我国的减贫事业面临巨大挑战，仍需政府与社会各界共同努力推动减贫事业的可持续发展。

　　贫困一直是社会学研究的重要内容，社会学者从贫困的过程、贫困的成因、贫困的社会影响与社会后果等方面对贫困进行了卓有成效的研究，取得了一批重要的研究成果。近年来，灾害风险管理与减贫成为了贫困研究的新领域。据统计，全球每年约有2亿人口遭受地震、干旱、洪水、飓风以及其他自然灾害的威胁。灾害的发生与贫困区域的分布具有高度的重合性，灾害高发地区往往是贫困人口密集分布的地区。自然灾害是贫困地区致贫的因素之一，也是造成全球减贫成效不稳定的因素之一，对人类社会的包容性发展产生了极大影响。灾害与贫困之间具有内在联系，一方面，由于贫困地区的脆弱性更高，因此更容易受到灾害的侵袭。尤其是贫困地区的发展长期依赖于自然资源，人为的破坏和人类对自然资源的过度开发利用所导致的生态环境问题，降低了贫困地区对自然灾害的抵御能力。一旦发生灾害，往往会造成重大的损失。另一方面，灾害的发生加大了贫困的深度和广度，增加了贫困治理的难度。"因灾致贫"、"因灾返贫"是造成我国贫困人口数量居高不下的主要原因之一。社区是灾害风险管理的微观基础，也是减贫工作的着力点。作为一种贫困社区类型，贫困村是我国扶贫开发的主战场，更是以社区为导向的灾害风险管理工作的未来努力方向。因此，以贫困村社区为视域开展"灾害风险管理与减贫"研究具有重要的学术价值和现实意义。

近几年来，我承担了"汶川地震灾后重建暨灾害风险管理计划"综合评估项目、汶川地震贫困村灾后恢复重建案例研究、集中连片特殊类型困难地区（武陵山区）扶贫开发研究、武陵山区少数民族贫困地区避灾农业产业现状及模式调研及其发展政策建议、连片开发扶贫模式对少数民族社区发展的效应评估等一系列与贫困相关的研究项目。田丰韶博士作为我指导的博士研究生，参与了这些项目的调研、资料整理、报告写作等任务，并主持承担了"汶川地震贫困村灾后恢复重建案例研究：骆家嘴村案例研究"和"连片开发扶贫模式对少数民族社区发展的效应评估及其政策建议重庆案例研究"等项目。在此过程中，他勤勉认真，孜孜以求，努力追求着自己的学术梦想。

本书是在田丰韶博士论文的基础上修改而成的。作者将风险理论引入灾害风险应对的乡土实践分析之中，尝试将"作为互动的贫困研究"和"作为行动的贫困研究"这两种思路融合在"贫困村灾害风险应对"的实践之中，其中既有多元主体互动平台与效果对灾害风险应对水平的影响，又有外界干预与内部自我努力的反贫困行动。本研究以灾害风险应对为研究主题，全景式展现了国家、市场与社会多元互动情境下的乡土社会灾害风险应对实践，并把"风险"及"风险应对"作为影响贫困村社区"社会结构"与"社会秩序"的一个变量，考察彼此之间的互动关系。全书资料翔实、内容丰富、逻辑明晰、观点新颖，对"扶贫开发与防灾减灾相结合"理论及实践进行了可贵的探索。本研究对我国贫困社区灾害风险管理工作的开展、贫困预防机制的构建具有一定的理论与现实意义。

向德平

2012 年 8 月 28 日

内容摘要

  　　贫困村是贫困人群聚集存在的最基层地域社会，贫困村不仅是一个基层社区单元，更是扶贫开发工作的主要战场之一。本研究以贫困村为研究对象，以"灾害风险、秩序与进步"为分析框架，把"风险"作为一个因素引入社会学"秩序与进步"研究主题之中，关注贫困村灾害风险、应对与社区秩序、进步之间的双向互动关系。同时，本研究将贫困村置于扶贫开发、社区建设与治理、灾害风险管理等大的政策体系之中，以"社区"与"日常生活"为视角对在灾害风险应对实践中不同主体的干预性介入而形成的不同模式进行实践与效果分析，力求发现贫困村社区及农户、国家、市场及其他主体在贫困村灾害风险应对实践经验与模式中的优势与不足，尝试探索构建贫困村灾害风险应对机制、路径与方法，力求实现贫困村脱贫致富与灾害风险应对的良性互动局面。

  　　在本研究中，灾害风险应对主要包括灾害风险规避、灾害风险转移、灾害风险应急与灾害风险适应等内容。本研究采用实证研究方法，通过问卷调查分析、深度访谈、座谈及田野调查，发现：

  　　第一，关于贫困村灾害风险规避实践。贫困村是一个灾害风险密集分布的基层"风险社会"，社区结构、秩序与发展都具有灾害风险的特征，社区层面及农户在长期的灾害风险应对中积累了丰富的经验。自我应对的传统策略是贫困村灾害风险规避的主要策略，社区结构及生产要素的分配、日常生活的组织、生计维持是社区自我应对主要策略的具体体现。国家与市场共同的现代"技术—组织"灾害风险规避体系在贫困村社区的表现是惨淡的。

第二，关于贫困村灾害风险转移实践。在贫困村社区内部，农户/社区之外的组织结构承担了相应的灾害风险彼此相互转移分担的功能。农户日常生活中各种行为的发现在一定程度上是基于未来不确定的灾害风险而发生的，从而构成了因灾而致的生计风险相互分担的机制，实现了社会关系与结构的传承。在社会保障体系下，国家成为农户自己的社会关系网之外的一个效果较好的风险转移对象。而各类市场保险由于不同主体的动机追求与游戏规则并没有很好地对接，有序的互动局面和良好的衔接机制并没有建立，其所承担的灾害风险转移功能并没有很好地发挥。贫困村的灾害风险转移实践仍处于传统习惯框架之中。

第三，关于灾害风险应急实践。在中小型灾害风险应急方面，贫困村仍是传统的社会网络内统筹和消费平滑策略主导下单一农户自救模式，现代"技术—组织"减灾救灾系统无法有效抵达贫困村社区内部，宗教救助、社会捐助及社会组织参与等其他外界主体的介入异常微弱，市场（保险）的介入同样取决于所保财物在灾害风险面前的脆弱性程度。政府基本上是缺位的，市场与社会介入几乎是空白的。外界主体与村庄社区及农户对灾害风险的干预是非常弱小的。其中国家的社会福利与社会保障政策对贫困村日常生活领域中的生计风险干预是成功的，尽管没有促进发展，但至少确保了生计安全。而在巨灾应急方面，强大的国家资源动员与整合力是贫困村灾害风险应急的保证，但毕竟实现了外界主体与社区内部主体的有效互动，国家现代的灾害风险应对机制成功到达了社区内部，并发挥了巨大效力，避免了贫困村社区秩序的解体，有助于社区的可持续发展。

第四，关于贫困村灾害风险适应实践。外界干预程度的不同，贫困村社区及农户的灾害风险认知、理解与接受都呈现出不同的路径："消极"与"积极"的差异。外界主体干预程度越强，其适应灾害风险程度越高。在多元主体互动之下，灾害风险是可以利用的，能否利用同样取决于外界干预程度。由此会形成不同的灾害认知、日常生活态度和生产生活中的行为选择。单一农户及贫困村的灾害风险适应都有着外部化特征，农户对社区及国家、社会及市场有着较高的社会预期、政策渴求和资源依赖，而社区对其以外的主体同样存在着政策依赖与资源依赖，这在不同灾害风险应对模式之下的贫困村都普遍存在。

第五，以扶贫开发为载体的灾害风险应对新模式具有很强的现实意义。试点贫困村所开展的社区灾害风险管理实践及其力推的新模式，为灾害风险应对提供了一个新的现实经验：单一的灾害风险管理和单一的扶贫开发都无法实现各自应有的目标，两者的结合才能实现贫困与灾害风险的"共治"。因此，对于贫困村社区来说，构建新的贫困村灾害风险应对机制，必须以扶贫开发为载体，实现灾害风险应对与扶贫开发相结合。

Abstract

The poor villages are grass-root local societies, which contained many poor crowds. Poor village is not only the unit of grass-root communities, but also one of the main battlegrounds of anti-poverty. In this study, poor villages are the research objects. The paper is focused on how to respond to the disaster risks, and it's based on the hypothetical structure of "disaster risks, norms and improvements". Community interactions, norms, and improvements are also concerned. In the perspective of the "community" and "daily life", this study cared about the influences from different levels of society when deal with disaster risks, especially those effects operated by Government, market, and other social units. At the same time, this study has also addressed the advantages and disadvantages from the community, farmer, the government, market, and other subjects' experiences. It has tried to explore the path to deal with such disaster risks, so do the interaction of anti-poverty and disaster risk respond.

In this study, the techniques of the disaster risk response include avert, transfer, first-aid, and adapt. Empirical research methods were used in this study. By questionnaires, interviews, discusses, and field researches, many facts were found; namely:

First of all, on the disaster risk avert. The poor village is a "risk society". No matter its community structure, norms, or developments, are under disaster risk affect. The community and farmers have accumulated plenty of experiences in long-term disaster risk response. Self-aid is the main technique when disaster occurred. The community structure, resource distribute, daily-life reorganize, and livelihood maintain are the specific embodiment of the technique. The performances of country-market cooperation in disaster risk response, which called "technique-organize", are hardly helped.

Secondly, on the disaster risk transfer. Within the community of poor villages, neither famer nor the community took the responsibility of disaster risk transfer. The routine work of famer's daily life is based on the anti-risk thoughts. Thus the structure and relationships of society may transfer by generations. Under the social security insurance, the country became the perfectly object when farmers need transfer their disaster risks. Due to the different main goals and processes, private insurance companies are lack of transfer capacity. Meanwhile, the practice of transfer poor village disaster risk is still under traditional structures.

Thirdly, on the disaster risk first-aid. When the small and medium-sized disaster risk occurred, the first-aid of disaster risk in poor village is still under traditional social network, which views self-aid as the first and most common technique of emergency situations. The modern "technique-organize" aid system cannot reach the inner part, so do the religious relief, social donation, and other social organizations' aid. The private insurance companies can barely supply helps to particular goods. When the big disaster occurred, the responses of government, market, and society are hardly recognized, as well as the communities themselves. The welfare and social security policies worked well in daily life maintenance, when one does not concern about improvements. However, under the circumstance of catastrophic emergency, the national power can motivate and encourage its public to response in the first time. It has influenced the outside social levels as well as the communities themselves. The country's modern disaster risk coping mechanisms had reach the bottom of community and played a big role. Thus the order of poverty-stricken village did not break up. Community has been developed sustainablly.

Moreover, on the disaster risk adapt. The degrees of such interferences from outside social levels led to different paths between "negative" and "positive" thoughts. The more outside fact influences, the high level of disaster risk response possibility. Under the influences of Multi facts, disaster risk can be seen as positive. But it depends on the degree of outside interference. Varies of thoughts, attitudes, and choices may appear. Individual farmer is more likely to rely on such aids from policies, community aid, donation, social insurances, etc.; which other units of the entire society also needed.

Last but not the least, the new model of disaster risk management, which carried full of anti-poverty techniques, has strongly realistic meaning. The practices of community disaster risk management model in pilot poor villages supported the research of disaster risk response. The present practices supplied such experiences: single management that copes with disaster risks cannot work effectively, so does single anti-poverty aid. The combination of the former and the latter may help, which is called "mutual management". Therefore, a new model of anti-risk mechanism in poor villages is necessary. To achieve this goal, the government and entire society need to put their efforts on both anti-risk and anti-poverty. And such efforts should be treated equally.

Keywords: The Poor Villages; Disaster Risk; Response; Practice

目　录

导　论

一　研究缘起、目的与意义

1. 研究缘起

（1）贫困村灾害风险对扶贫开发效果影响深远。在我国，贫困村不仅是一个基层社区单元，更是扶贫工作的主要战场之一。按照"十一五"扶贫规划所制定的目标，截至 2011 年要完成全国 14.8 万个贫困村整村脱贫任务。然而，由于自然条件恶劣，基础设施薄弱，教育卫生等基本社会服务水平低，贫困发生率高、贫困程度深（李小云等，2004），贫困村灾害风险应对水平非常低，能力弱化，导致贫困村返贫率居高不下，整村推进任务非常艰巨。贫困人口在很大程度上是由于灾害造成的，"因灾致贫"、"因灾返贫"是造成我国贫困人口数量居高不下的主要原因之一，是制约贫困村脱贫致富的重要瓶颈因素。当下，贫困地区及贫困村的空间分布呈现出与生态脆弱地区高度耦合的格局，山区、丘陵地区、限制开发区域是贫困人口最为集中的区域，生态比较脆弱、生存条件有待改善，灾害风险影响着未来扶贫开发目标的实现。

（2）贫困村社区是生态社会建设的重要构成部分。在可持续发展理念主导下，经济增长、社会进步和生态建设成为人类社会的新追求，绿色经济、生态文化、生态政治与生态社会是可持续发展理念在经济、政治、文化与社会中的具体呈现。社区是社会有机体的基本构成，是宏观社会的缩影，生态社会建设必须以构建生态社区为基石。贫困村大多分布在生态比较脆弱的限制开发区和禁止开发区，社区及居民应对贫困和灾害风险的努力都影响着区域生态安全。甚至可以说，贫困村社区生态的可持续改善关乎我国生态环境问题的治理成效。

（3）贫困村灾害风险应对能力建设是贫困社区建设的重要一环。贫困村是我国一个特殊的贫困社区，处于社区分层的底层，其社区建设水平影响着我国整体社区建设水平的提高，甚至影响着我国新农村建设的推进。目前，我们社区防灾减灾能力建设主要集中于经济比较富裕、社会发展水平比较高的社区，针对贫困社区防灾减灾能力建设投入严重不足，制约了我国社区防灾减灾能力整体水平的提升。另外，贫困村社区生产生活条件恶劣，自然灾害多，公共设施与公共服务供给水平低下，自我发展能力弱是贫困村的典型特征也是致贫因素之一，严重制约了贫困村经济的发展与反贫困政策的效果。因此针对贫困村进行灾害风险应对方面的资源、能力与服务的供给是我们实现城乡社区服务均等化的重要方面，也是社区建设的重要方面。

（4）贫困社区"自救"行为是紧急救援和灾后恢复的前提和基础。2008年汶川地震抗震救灾与灾后恢复重建的事实表明："地震中自救互救人员达到了被困人员总数的80%。"[①] 这就告诉我们社区减灾能力建设的重要性。贫困村由于面对灾害风险的易损性和脆弱性，成为汶川地震的"重灾区"，因此提高贫困村防灾减灾能力尤为关键。然而贫困村社区防灾减灾观念淡漠，减灾知识缺乏，自救能力不强，社区减灾机制不健全，是一个严重的、急需解决的问题。社区自身防灾减灾能力是外界救援救助有效开展的前提和基础，它的弱化影响着外界救援救助的效果，制约着灾害应急与灾后恢复重建效果。

2. 本选题的研究意义

研究贫困村灾害风险应对的实践和经验模式，以及国家传统防灾减灾体系下的贫困村灾害风险应对能力提升及不足之处，构建新型贫困村风险应对机制已经成为我国实施整村推进、巩固扶贫效果的迫切课题，也是提高社区灾害风险应对能力的重要环节，更是我国社区建设水平提升的重要领域，因而具有十分重大的意义。

---

① 民政部国家减灾中心、联合国开发计划署：《汶川地震救灾救援工作研究报告》，2009年3月。

（1）理论意义

第一，完善与丰富风险社会理论。德国著名社会学家乌尔里希·贝克1986年提出的风险社会理论是以资本主义工业社会为基础的风险问题，不是基于物质匮乏基础上的风险问题。目前学术界关于风险社会的研究基本延续了贝克的传统，对现代社会的风险给予了较多关注，对以"短缺"为特征的贫困村经济与社会环境下的前现代风险类型、作用规律及应对方式缺少应有的研究。尽管不少学者认为，中国农村社会已经进入风险社会，但实际上农村社会风险大多为多种风险共存而非纯粹的传统抑或现代风险，因此本研究以在农村社区分层中处于底层的贫困村作为研究对象，关注传统社会、物质匮乏社区的灾害风险作用机制与应对机制的构建，将会丰富与完善风险社会理论的应用范畴。

第二，丰富与完善贫困与反贫困理论。灾害风险是贫困村居民致贫、返贫的重要原因，制约着我国扶贫开发的效果。通过对贫困村灾害风险防范、灾害风险应急、灾后恢复及诸多应对措施与贫困关系研究，有助于深化与拓展人们对贫困、致贫因素及反贫困的认知，将深化中国贫困与反贫困研究，丰富与完善贫困与反贫困理论体系。

第三，拓宽社区建设的研究视角。当前，在社区建设研究中，研究城市社区的多于研究农村社区的，而对贫困村社区如何建设则被淹没在农村社区建设之中，缺乏对贫困村社区建设的特殊性给予应有的关注。尽管在社区建设研究中大量研究对社区建设的发展路径、动力机制及居民参与问题进行了深入的探讨，而对影响社区可持续发展的灾害风险缺乏应有的关注，因此，该研究有利于拓宽社区研究的内容范畴，提高社区建设理论研究的针对性。

第四，通过研究为政府制定政策提供理论依据，为贫困与反贫困研究及农村社区风险管理研究积累学术资料。

（2）实践意义

第一，本研究将灾害风险、风险应对及其与贫困的关系作为主要内容之一，总结贫困村致贫因素与反贫困研究的不足，研究成果能对有关部门制定扶贫开发政策及措施产生推动作用，对整村推进、产业扶贫等专项扶贫和社会保障制度建设、科技扶贫等行业扶贫有着一定的指导价值，有助于从整体上提高扶贫开发的效果水平。

第二，本研究以经济社会发展比较落后的贫困村为研究对象，以灾害风险应对问题为研究主题，研究成果将会丰富我国社区风险管理模式，对有关部门制定社区风险管理机制建设及防灾减灾能力的提升产生积极的影响，有助于提高贫困村灾害风险应对服务供给水平，助推城乡公共服务一体化。

第三，本研究以贫困村这一社区类型为研究领域，关注其灾害风险应对，有利于我国政府及社会关注不同类型社区之间的社区建设差异，关注贫困社区建设的特殊性，促进贫困村可持续发展。同时通过本选题的研究，有利于政府、社会及社区依靠社区内外力量，利用社区内外资源，强化社区功能，完善社区服务，建立健全社区防灾减灾能力建设工作机制，提高风险应对的公共服务水平，探索社区风险管理体制，弥补我国社区建设的不足，促进社区建设工作的完善与进步。

第四，通过对国家、社会（社会组织、贫困社区及农户等）及市场诸多主体的灾害风险应对行为、效果及其所产生的影响进行研究，有利于我们理解贫困村的社会秩序状态及农民、贫困人群的延续生产习惯、固守生活方式、缺乏奋斗心理及贫困文化的形成，有助于消除公众及政府对农民及贫困人群的误解，对建构和谐的社会关系有着积极作用。

二 研究目标与研究内容

（一）基本目标

1. 了解贫困村的灾害风险类型、灾害风险因子及其对贫困村秩序与发展的影响；其中将反贫困措施作为风险因子进行研究。

2. 挖掘贫困村灾害风险自我应对模式，归纳总结贫困村灾害风险自我应对的日常生活经验及实践模式；在灾害风险应对过程中，国家、市场、社会等外界主体以政策为依据进行了干预性介入，本研究力图揭示外界干预的乡村实践过程及现实影响。

3. 研究贫困村社区及成员灾害风险自我应对、外界"强—弱"干预对社会秩序、社区可持续发展的影响。

4. 检视基于国家、市场、社会等社区外界主体干预基础之上的社区风险管理能力建设在贫困村的适用性程度及效果，探索适合贫困村的灾害风险应对机制及模式。

（二）研究内容

本研究是基于以下判断展开的：第一，贫困村是一个灾害风险密集分布的基层"风险社会"，社区结构、秩序与发展都具有灾害风险的特征，社区层面及农户在长期的灾害风险应对中积累了丰富的经验；第二，作为我国基层社会治理的基本单元，贫困村是观察国家风险管理机制、市场应对机制运行的微观领域，国家、市场及社会为贫困村灾害风险应对提供了较强的支持，但因受到了贫困村经济社会条件的制约，效果欠佳；第三，贫困村社区、农户灾害风险的自我应对与国家、社会及市场等外界干预对贫困村的可持续发展产生了双重影响；第四，贫困村灾害风险能力建设必须与扶贫开发相结合，构建贫困村灾害风险应对的特殊机制。

因此，本研究将在文献综述的基础上围绕以下几个方面展开：

1. 研究贫困村灾害风险类型分布、灾害风险因子、灾害风险对贫困村社区秩序与社区发展的影响；

2. 以日常生活为视角研究分析贫困村灾害风险自我规避的经济、社会与文化实践，并以社区为视角研究国家灾害风险规避政策的乡土实践，对相关政策进行过程与效果分析；

3. 以社区、市场与国家为分析框架研究贫困村灾害风险的风险转移机制，并考察国家、市场等外界主体与社区之间的衔接与互动，反思外界干预的效果；

4. 研究分析贫困村社区及农户风险适应的过程，考察贫困村社区及农户接受风险、利用风险及降低风险的实践，并从经济、文化、社会及日常生活三个角度分析风险适应的表现及其对贫困村可持续发展的影响；

5. 研究分析贫困村不同等级灾害风险发生后应急实践，考察自我应急、市场介入、政府干预、社会扶持等在灾害应急方面的努力与效果；

6. 以汶川地震灾区贫困村灾害风险管理实践为着眼点，采用个案分析方法研究分析新型社区风险应对机制与能力建设的实践、效果及影响因素，将之与传统灾害风险应对模式进行比较分析，从而对贫困村灾害风险应对机制构建路径与策略进行探索。

（三）拟突破的重点与难点

1. 本课题的研究重点在于探索运用社会学的社会秩序理论、社会干预理论及风险社会理论分析社区层面"风险（危机）"、"秩序"与"进步"三者之间的关系，而不在于描述贫困村灾害风险的类型及分布，进而在此基础上结合社会政策相关理论提出构建贫困村灾害风险应对机制的对策与措施。

2. 本课题研究的难点在于：

（1）贫困村脆弱性研究是本研究一个重大挑战。目前，经济学家、社会学/人类学家、灾害管理学家、环境学家及健康影响学家都对"脆弱性"进行了定义，对"脆弱性"测量方法也很多，如何选择界定"脆弱性"并形成一套有效的测量方法，直接影响着风险、贫困与脆弱性的分析与研究。

（2）以风险规避、风险转移、风险适应、灾害风险应急等内容为灾害风险应对的几个维度，在理论分析、现实理清方面都存在着一定的难度。

（3）基于政策角度的贫困村灾害风险应对机制研究。如何为贫困村提供政策支持、资源支持、智力支持等构建一套有效的内外衔接的灾害风险应对机制，从而实现贫困村灾害风险应对能力的提高。这一难点关乎本研究最终诉求的实现。

三　重点概念界定与理论框架

（一）重要概念界定

1. 贫困村。在"三农"问题研究中，大部分学者都将一个村落看做一个社区共同体，乃至农村社区建设中的"社区"指向了农村"村落"。学术界所关注的"农村社区"大多为"行政村"社区，其中的"自然村"被当做"村民小组"来看待。另外无论是农村反贫困、社区建设还是灾害风险治理机制，政策制定与实施都以"行政村"为基本治理单元，是国家社会治理的构成。因此本研究认为贫困村是以行政村为单位的农村社区类型。贫困村的实质是贫困社区，是一种人口平均经济收入处于贫困线以下的社区类型，具有经济资源稀缺、区位边缘性、缺少获得资源的手段和能力等特征（沈红，1997）。在本研究中，贫困村是指贫困人群较多、贫困程度较深、贫困面大的农村"行政村"社区，它是我国扶贫开发的主要瞄准对象，更是灾害风险治理的基层社区。

2. 灾害与灾害风险。关于"灾害"的理解，目前普遍认为"自然灾害是孕灾环境下各种致灾因子和脆弱的承灾体（人类系统）共同作用的后果"①。"灾害风险"概念从属于系统论和管理学对灾害的研究内容体系之中。学科不同有着不同的理解。在现实中，灾害风险有两大因素：致灾因子的潜在威胁和承灾体的脆弱性程度。致灾因子则指因自然生态变动所引发的异常现象，脆弱性是指个人或家庭面临某些风险的可能，并且由于遭遇风险而导致财富损失或生活质量下降到某一社会公认的水平之下的可能（世界银行，2000）。"脆弱性"被认为是把"灾害"与"风险"紧密联系起来的重要桥梁，如果没有"脆弱性"，致灾因子就不会演化为"灾害"。灾害风险与一定致灾因子所作用于时空范围的危险环境有关，它在灾害发生前、中、后就一直存在着。因此，灾害与灾害风险的区别就在于，前者更多地强调致灾因子的危险性，后者更多地侧重于承灾体的脆弱性及灾害面前暴露程度和防御能力的高低（世界银行，2001）。

3. 风险及灾害风险。目前，具有代表性的定义有以玛丽·道格拉斯为代表的人类学家从知识角度的定义、卢曼以时间与对象为载体的风险观和贝克基于虚拟与现实关系的界定，在本研究中，风险意指一种不确定性，是个体和群体在未来遇到伤害的可能性以及对这种可能性的判断与认知（杨雪冬，2006）。风险有诸多类型，吉登斯认为风险有"前现代风险"与"现代风险"两种（吉登斯，2000），在本研究中，"灾害风险"也就是贝克所说的"前现代的灾难"或"传统风险"，主要指来自自然的威胁和危险，诸如传染病的流行，气象的多变，洪水或其他自然灾害风险。综合上述关于灾害与灾害风险、风险与灾害风险的辨析，本研究认为灾害风险是指由于各种致灾因子危险性和人类系统自身脆弱性共同作用所导致损失和破坏的可能性，它是由来自自然的威胁及由此所导致破坏和损

---

① 尹占娥：《自然灾害风险理论与方法研究》，《上海师范大学学报》（自然科学版）2012年第1期。

失的可能性所构成的一种前现代风险，也是一种传统风险类型。

4. 灾害风险应对（Disater Risk Response）。风险管理可以被界定为系统地处理的危险和不安全感的方式与手段，包括风险辨认、风险估计、风险评价、风险应对等一系列环节（NRC，1983）。灾害风险管理旨在寻求找出导致灾害的根源，并采取应对措施加以预防和控制。由此可见，在灾害风险管理理论体系下，灾害风险是可以被管理、被约束和被控制的，风险管理是一种积极的风险应对策略，"风险应对是风险管理主体采取一系列行动以便将风险控制在主体的风险容量与容限以内"[①]。其包括风险规避（回避）、风险转移（降低或分担风险）等（胡志全，2010）。在本研究中，将风险应对细分为风险规避、风险转移、风险应急与风险适应（接受风险、利用风险、降低风险等）四个方面，其中风险规避是指通过计划的变更来消除风险或风险发生的条件，保护目标免受风险的影响，主要指降低损失发生的几率，属于风险应对的消极的事前策略；风险转移是指通过正式或非正式的约定，将风险不确定性的后果转移给第三方，从而减少损失；风险应急则是在风险事件发生后国家、社会及公民旨在消除次级风险、降低损失、恢复秩序乃至促进发展的行为；而风险适应则指在风险分布比较密集情况下，公民、社区或组织接受风险、利用风险与降低风险的一种积极性策略行为。因此，灾害风险应对是灾害风险管理主体采取规避、转移、应急和适应等措施将不同时空内的灾害风险控制在主体的可接受范围内的行动。

（二）本研究所涉及的理论范式

1. "国家、市场、社会"三维分析范式。国家、社会、市场的分析模式是市民社会理论演变的结果，源于西方经典政治学家及哲学家的国家和市民社会的二分法（何增科，1994）。哈贝马斯在总结帕森斯、葛兰西等人理论的基础上提出"公共领域—私人领域—国家"[②] 的构架，柯亨、

---

① 胡志全：《农业自然风险分布及支持政策研究》，中国农业科学技术出版社2010年版，第29—30页。

② ［德］哈贝马斯：《公共领域的结构转型》，曹卫东等译，学林出版社1999年版，第35页。

阿拉托两位学者从哈贝马斯的"生活世界"概念出发建构了"市民社会—经济—国家"的三元模式（何增科，1994）。该分析范式认为，国家、社会、市场有着不同的存在基础与运作逻辑。在本研究中，旨在借助这一分析范式，透析国家、市场与贫困村社区在灾害风险应对方式及构建现代应对机制等方式的差异，分析三者间的张力对贫困村扶贫开发、新农村建设过程中灾害风险应对能力提升与机制建设效果的影响，探索基于贫困村社区内外政策、资源等多元背景下的贫困村灾害风险应对机制构建的基本措施、路径及方式。

　　2. 社会秩序结构论。在研究社会秩序的诸多社会学理论中，结构分析是一般性的研究分析方式，在这种分析范式中，"社会秩序作为结构性存在是由各要素按照一定的内在联系有机构成的系统整体"①，社会秩序的构成要素（价值内核、社会规则与社会权威）都来自社会多元主体行动的结果，都是社会关系的客观呈现。在大多数社会学家眼中，"结构"对"行动"的制约作用是一个无法忽视的事实。独特的"社会结构"才能产生独特的"社会行动"，因此，突出结构模式、社会规范和制度安排等对"社会行动"的支配作用，是我们理解贫困村灾害风险应对具体活动的一种有效视角。只有在各种特殊"场域"中去理解各类主体的社会行动及其背后逻辑，才能解释贫困村及村民在灾害风险应对过程中的"策略性行动"，才能理解"在灾害风险及其应对之下的社会秩序何以如此？"

　　另外，在贫困村灾害风险应对的传统模式与经验探讨中，诸多措施与模式已经融于社会秩序之中，并对社会秩序的更新产生深远的影响。特别是在灾害来临前后及灾后恢复过程中，贫困村会失去原有秩序的支持系统，生产的停滞、生活模式的改变及巨大心理压力等因素使得乡村秩序面临严重的危机。灾后重建的最终目的就是重建贫困村的社会秩序，因此，要理解灾后重建过程及影响就必须将"社会秩序"与"结构"相结合，探讨二者在乡村社会的运作逻辑问题。在本研究中，并未将乡村秩序视为一成不变的完美共同体，而是以理性审慎的态度在历史实践中找寻政府部门、组织、基层干部与村民所构成的共同体的诸多变异样态，将之"历

---

① 高峰：《社会秩序的结构论析》，《学术论坛》2012 年第 2 期。

史性和现实性的展开"，提取其中的有益因素，免除其中的危险和不完善，从而为未来的贫困村"秩序的重建"提出一种可供选择的操作性方案，为乡村秩序的重建提供可行之路。

3. 社会政策研究范式。消除贫困是社会政策的根本目标，研究贫困村相关问题：灾害风险因素的根本诉求在于反贫困，由此，社会政策研究范式是本研究无法绕过的理论范式。从 19 世纪末以来，社会政策研究范式发生了很大变化，表现出：（1）贫困研究不断深化；（2）人的因素在社会政策研究中不断被强调；（3）政策干预手段不断增加（从单纯的社会福利拓展至就业、税收、金融、社会关系、社区环境和社会服务等）；（4）社会政策主体日益多元化（由单一的由政府支配转变为由政府、市场、家庭、非营利组织、社区等多元社会主体共同参与）等几个方面（杨团，2002）。

在社会学家看来，"干预"必须借助于各种政策才能实现。应该按照危机干预的目标和原则，强化干预中的社会政策行动，从而收到更好的效果。从总体效果上看，与其他几种干预方式相比，社会政策具有能够兼顾当前和未来、经济发展与社会发展、能力建设与制度建设的综合性优势，因此应该是政府、社会各界干预行动体系中的优先选择。在日常生活之中，风险的自我应对是一种自我干预，贫困村村民的自我反贫困努力也是一种内部自我干预。而国家的防灾减灾政策、应急管理、灾后重建与风险管理等政策是作用于贫困村灾害风险的社会干预措施，对贫困村的整村推进扶贫模式、产业扶贫模式等诸多扶贫模式及灾后重建、新农村建设、减灾防灾能力建设都是以政策为指引的干预行动。在我国，可以把灾害风险的政策干预特点视为一种"发展型危机干预"（关信平，2009）或发展型社会政策（潘泽权，2012），旨在借助政策行动主动干预来修补秩序、增强公共服务、构建新型机制、促进社会发展等方式提高应对灾害风险能力。

（三）研究的分析框架

本研究以"风险、秩序与进步"为分析框架，以社会秩序理论、社会干预理论与风险社会理论为理论基础，研究分析灾害风险对贫困村秩序与社区进步的影响、（国家、社会、市场的）灾害风险应对机制与策略的现实实践及其对社区秩序与进步的影响，在此基础上发现、总结各个主体尤其是贫困村社区及农户日常生活中灾害风险应对知识性经验积累，并认为其是构建贫困村灾害风险防范与危机应对机制的基础。

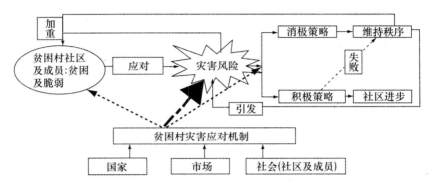

图 0—1　本研究思路图（风险、秩序与进步及外界干预示意图）

注：细实线代表风险与危机对社区及农户的初级影响；虚线代表风险与危机的次级影响作用；粗实线代表外界干预机制所针对的维度。

通过研究，了解贫困村灾害风险的类型及其对社区秩序与进步的影响，并认为传统的灾害风险应对机制与策略一方面加剧了贫困村的贫困，另一方面加重了贫困村的灾害风险程度也就是说脆弱性既是风险的产物，又是抵御风险的能力和行动的产物。因此，在对贫困村发展进行外界干预时应考虑多层维度才有效，并要防止所干预本身所带来的次级影响。

四　研究思路与方法

（一）研究思路

本研究以我国扶贫攻坚的主战场之一——贫困村为研究对象，以"灾害风险、秩序与进步"为分析框架，把"风险"作为一个因素引入社会学"秩序与进步"研究主题之中，关注贫困村灾害风险、应对与社区秩序与进步之间的双向互动关系，将灾害风险应对策略及机制分为风险规避、风险转移、风险适应与风险应急四个维度，以事前策略与事后策略、积极性策略与消极性策略进行分析研究。同时，本研究将贫困村置于扶贫开发、社区建设与治理、灾害风险管理等大的政策体系之中，以"社区"与"日常生活"为视角对在灾害风险应对实践中不同主体的干预性介入而形成的不同模式进行实践与效果分析，力求发现贫困村社区及农户、国家、市场及其他主体在贫困村灾害风险应对实践经验与模式中的优势与不足，尝试探索构建贫困村灾害风险应对机制、路径与方法，力求实现贫困村脱贫致富与灾害风险应对的良性互动局面。具体研究思路如下：

1. 以武陵山区为案例，实证分析贫困村灾害风险类型及其影响；

2. 以"社区"、"日常生活"为视角，通过田野调查及深度访谈探究包括贫困村社区在内的各个主体在贫困村灾害风险应对实践中的措施、手段与效果，为构建有效、合理、科学的贫困村灾害风险应对机制提供经验支撑；

3. 以社会秩序为视角，将灾害风险视为影响贫困村社区秩序与进步的重要因素，探索其作用风险、社区秩序与进步的相互作用机制，关注灾害风险、不同灾害风险应对策略及效果对贫困村社区秩序及可持续发展的影响；

4. 研究分析贫困村在中小型灾害风险应急过程中国家、社会、市场等多元主体之间的互动及策略性行为，并对效果进行反思，认为中小型灾害应急实践为巨灾风险提供了经验借鉴和知识支持；

5. 以汶川地震灾区贫困村为个案，采用时空倒叙为方法，尽量还原贫困村"抗震救灾"和"灾后重建与扶贫开发"的全过程，探索总结在贫困村巨型灾害风险应急过程中，国家、社会、社区、农户等主体力量多元合作的灾害风险规避、转移、接受、降低、应对、利用及管理的实践过程及其影响；

6. 以社会干预理论为基点，以公共服务为视角，研究探索如何建立以扶贫开发为基础的贫困村灾害风险应对机制，实现贫困村秩序的优化与进步。

（二）研究方法

社会学研究方法一般被按照实证主义与人文主义分野的标准划分为定量和定性的研究方法。实证主义与人文主义的方法论分歧，让两大研究方法一直处于相互攻讦的状态之下，也让我们清晰地看到了两种方法各自的优势与不足。有的学者认为二者是不可能融合的，但大部分国内学者在实践中将二者结合运用，认为这样可以发挥两种方法的优点，弥补彼此的不足。研究方法是进行研究的工具，研究方法的选择在很大程度上取决于我们所研究的问题和特定的情况。贫困村灾害风险应对是一个比较新的话题，它不仅与贫困村农户生计维持密切联系在一起，而且与贫困村"整村推进"等扶贫工作的成效密切联系在一起，是一个涉及多种内容、多个领域和多个主体力量的研究课题，是单一研究方法无法完成的，且多元的方法有利于弥补单一方法的"短板"，最大限度地达到研究目的。由于该项目的调研是以山区贫困村为调研对象，无法客观呈现全国贫困村的整体面貌，所以不具有全国普遍性意义。本研究本不追求"事实"的代表性，而是将"事实"背后的逻辑代表性，探索灾害风险、秩序与进步的实践状况，实现更大范围的理论逻辑代表性。

为了更好地考察贫困村灾害风险类型、来源与影响，分析贫困社区风险规避、转移、适应与应急的本地化实践，本研究采用实证研究方法。相关资料来自多个课题的调研资料。依据本研究的研究目标、内容与思路，本研究将采用多元的研究方法，具体方法有文献研究法、问卷调查法、深度访谈、田野调查、座谈会等。

1. 问卷调查。本研究旨在探寻贫困村灾害风险类型及分布规律，而且要寻找其与贫困村秩序、发展进步之间的关系就要通过问卷调查寻找共性。因此，本研究的数据主要来自三个项目，分别为《武陵山区少数民族社区避灾农业现状调查及其政策建议——以武陵山区为例》项目（以下简称为"避灾农业"项目）、《连片开发扶贫模式对少数民族社区的影响及政策建议》项目（以下简称为"连片开发"项目）和《UNDP"汶川地震灾后重建暨灾害风险管理计划"综合评估项目》（以下简称为UN-DP评估项目）实地调查。避灾农业项目是在香港乐施会资助下由华中师范大学社会学院承担的研究项目，项目调研于2010年11月底至2010年12月初在重庆市、湖北省恩施州、湖南省湘西州和贵州铜仁地区分别展开，其中，重庆市选取黔江区和秀山县，湖北省恩施州选取宣恩县和咸丰县，湖南省湘西州选取凤凰县和泸溪县，贵州铜仁地区选取印江县和思南县，共8县（区），且这些县区均处于武陵山区之内，调查共取得149份贫困村社区问卷、693 个农户家庭问卷。连片开发项目则为乐施会资助、华中师范大学承担的研究项目，项目调研于 2011 年 7 月至 2011 年 8 月在湖南凤凰、湖北建始、重庆黔江、贵州印江及四川普格 5 个县区的 10 个贫困村展开，共取得了 495 份有效问卷，在该项目数据的使用中剔除了非武陵山区四川普格的有关数据。UNDP 评估项目是 UNDP"汶川地震灾后重建暨灾害风险管理计划"项目的子项目，在 2010 年 7 月底至 2010 年 8 月初由国家扶贫办贫困村灾后恢复重建工作办公室和中国扶贫中心、华中师范大学社会学院联合展开，项目调研分别从 19 个试点村选取 8 个样本村（骆村为其中之一）进行调研，共取得有效问卷 1143 份。尽管调查都不是以灾害风险为主要内容，但都是对贫困村展开的调查，或多或少的都涉及灾害风险相关内容，研究数据以避灾农业项目数据为主，前两个项目的经验事实也仅代表武陵山区的基本情况。第三个项目主要用来分析本研究的第五章第二节和第七章。

2. 文献研究法。国外社区风险管理已经有了丰富的经验，我国在此领域也经历了长期探索，需要运用文献研究方法来归纳总结贫困村灾害风险应对的"国外模式"与"中国模式"。通过文献研究的方法，密切关注国内外理论界、学术界的最新研究动向和研究成果，为课题研究提供理论准备。本研究中包括三类：一是国内外关于灾害风险与减贫相关理论研究文献及经验材料；二是政府部门关于灾害风险治理的相关政策文件、调研报告等；三是调查点的文献资料收集，包括（州、区域）县"十一五"规划，州县近五年政府工作报告，各相关部门工作计划、总结材料、调研报告及灾害管理相关文件、调研报告等及相关地方史志资料。后两种资料主要来自"避灾农业"项目、连片开发项目、UNDP 评估项目和田野调查项目实施过程中所收集的各种文献资料。

3. 田野调查。借助汶川地震灾区贫困村灾后恢复重建案例研究课题，笔者在汶川地震灾区选取了一个贫困村，采用田野调查的方法（观察法、深度访谈）同时，以"社区"与"日常生活实践"为视角观察贫困村灾害风险应对也需要采用田野调查的方法才能达到目的。在 2010 年 8 月底至 9 月初笔者在汶川地震重灾区陕南骆村进行了为期半个月的田野调查（以下简称为田野调查）。调查目的之一是通过对该村抗震救灾与灾后重建全过程回顾，对贫困村重大灾害风险应急进行全景式研究。由于该村又为 UNDP "汶川地震灾后重建暨灾害风险管理计划"项目试点村,在各级政府、国内外社会组织、高校等帮助下进行了贫困村灾害风险管理模式的探索。新模式探索是田野调查的另一个目的。此次调查共取得 11 万多字的田野调查笔记及访谈记录,另外还收集到大量的文献资料。

4. 深度访谈。深度访谈分政府相关部门访谈、村干部访谈、村民(包括特殊群体)访谈三个部分。借助深度访谈,掌握贫困村灾害风险应对传统经验、模式的质性资料。同时走访了政府有关部门,获取与本课题有关的各种政策性材料和数据,并进行深度访谈,了解影响贫困村灾害风险应对过程中政府、市场及其他主体介入性干预的基本逻辑、方式与效果;访谈资料主要来自三个课题和田野调查过程中对相关人士的访谈。在研究过程中,对所使用的访谈资料均进行了来源说明。

在每个课题的具体操作上,采取并行方式,统筹研究内容,深入实地进行调查分析。因此,研究获得了大量第一手资料和文献资料。如何界定"事实"是研究触及另一个问题。在社会学研究中,有两种研究分析单位:集体和个人,本研究体现的就是社区和农户,社区是一个集体单位,社区经验与行动有着集体的诉求,而个人的经验和行动则是个人追求其自身利益的结果。研究主题是贫困村灾害风险应对,是一项对集体现象和过程的研究,的确存在超越个人经验和行动范畴之内的"鸿沟"。笔者始终相信:第一,集体之所以如此必定通过个人表现出来;第二,个人经验的价值和行动的意义无法摆脱集体的影响,更多地来自集体文化的赋予;第三,集体知识是个体知识的共识,集体行动是个人行动的组织化,源自个人利益的驱动。由此,集体之于社会都是一种虚"名",所有集体性的研究议题都只能从个人的经验与行动得到理解。在研究中,笔者将社区与农户二者结合并用,利用社区问卷和农户问卷的统计分析,发现二者的异同,注重对两个维度数据及资料的比较分析,从而提炼出对本课题有重要参考价值的内容,最终达到研究目的。

五　研究的创新点与研究局限

1. 研究的创新点

本研究以"贫困村"为着眼点,关注影响其可持续发展乃至我国农村反贫困效果实现的灾害风险因素，考察灾害风险、社区/农户的应对行为及其影响，描述研究国家、社会与市场等多元主体介入程度不同而塑造的不同应对模式的乡土实践，分析不同模式的价值与意义。这一选题很大程度弥补了灾害风险微观研究、灾害风险与贫困研究及贫困社区灾害风险管理研究的不足，这是本文最为关键的创新之处。

本研究并没有将研究视域局限于"贫困村社区"，而是将研究主题置于较为宏观的"国家—社会—市场"体系框架之下，以"互动"与"介入"来分析贫困村灾害风险应对何以如此。在本研究理论分析框架建构过程中，研究将"风险"引入"秩序与进步"这一传统社会学经典命题之中，尝试性分析了风险类型之一的灾害风险是如何嵌入到贫困村社区秩序之中的，并如何影响贫困村社区的进步。因此，研究视域与理论分析框架是本研究创新之处的第二个表现。

目前学术界关于风险社会研究基本延续了贝克的传统，对现代社会的风险给予了较多关注，对以"短缺"为特征的贫困村经济与社会环境下的前现代风险类型、作用规律及应对方式缺少应有的研究。本研究以在农村社区分层中处于底层的贫困村作为研究对象，关注传统社会、物质匮乏社区的灾害风险作用机制与应对机制的构建将会丰富与完善风险社会理论的应用范畴。特别是研究将"风险"引入"秩序与进步"这一传统社会学经典命题之中，将会极大丰富灾害风险社会学乃至风险社会研究的知识体系。因此，本研究在理论创新方面的努力是本文创新之处的第三个表现。

本研究采用了定量与定性相结合的研究方法，对于调研发现的事实，本研究借助社会秩序结构论、社会政策与干预、理性选择等理论进行分析，得出了诸多新观点，对于农村扶贫开发、贫困社区灾害风险管理、贫困社区建设工作都有一定的价值。因此，研究方法、研究分析视角及研究发现的有所创新是本研究创新的第四个表现。

2. 研究的局限性

由于本研究建立在相关实证调查资料之上，资料来源于两大区域范围：武陵山区贫困村和汶川地震灾区贫困村，涉及多项研究课题，在耦合多项课题资料的基础上，本研究目的的实现受到了限制。另外，研究的目的之一是"对话"，回应一些相关理论观点，但由于关于贫困村灾害风险的研究文献较为少见，使得理论分析与回应面临一些难题。

第一，研究资料的局限性。尽管第一手资料和数据来自武陵山区的鄂西、湘西、黔东北、渝东南和汶川地震灾区的四川、陕南和陇南等多个区域，研究结论是否具有普遍性有待商榷。不同的区域内灾害风险类型是不同的，具体应对方法可能有差异，使得研究单位之把握面临困难。尽管课题组在数据的真实性与可靠性方面尽了最大努力，但调研过程中还是存在众所周知的局限性。数据来自多项研究课题，它们的研究目的不同，影响了本研究相关内容的开展。更为关键的是，定量与定性研究中调研对象的个人偏见与记忆误差是难以避免的。

第二，相关理论运用的局限性。目前，风险研究较多地局限于现代社会的技术风险、社会风险和经济风险层面，而灾害风险研究多停留农户和国家两个层面，对社区层面的灾害风险研究被束缚在社区灾害风险管理主题范畴之中，对贫困村社区灾害风险研究较少，理论储备不足。将源自西方的风险理论嵌入中国乡村本土是本研究一个尝试，存在于西方风险理论的现代性和贫困村灾害风险的传统性的张力使相关理论分析比较困难：水土不服的压力和简单经验模式研究意义的不足。目前，理论分析方面仍需要进一步打磨，理论依据与理论分析的衔接程度有待进一步提高，"回应"与"对话"才能充分展现。

第 一 章

相关研究回顾

德国社会学家卢曼曾说我们生活在一个"除了冒险别无选择的社会"①。人类的生活到处都存在着风险，可谓是无处不在、无时不在，我们整个社会的秩序与发展都是在规避与防范各种各样的风险。在不同的社会阶层群体中，风险的类型及表现是不同的。在前现代社会与现代社会，我们应对风险的方式有着巨大的差异。"贫困村"，一个特殊的称谓，因是贫困人群聚集的社区类型和我国反贫困的瞄准目标之一，而受到独特的关注。贫困与反贫困都与各种风险密切相连，那么如何看待贫困与风险的关系？灾害风险又是如何影响贫困村的"秩序与进步"的呢？也许这两个问题的答案应该先从相关文献中按图索骥开始。

第一节　风险、秩序与进步

在社会学研究中，"秩序"与"进步"是两个核心主题，分别侧重于研究静态的社会和动态的社会。"秩序"是一种被规范了的社会状态，是社会成员或社会组织间稳定、有序的联系，其核心是具有规范功能的社会文化，借助制度性或非制度性的文化把不断分化和不断复杂化的社会规范为和谐的有机整体。"进步"是对社会发展或社会变迁的一种社会进化论表述，其动力因素在不同的社会学家眼中是不同的，如孔德认为是智力，

① N. Luman, Risk: A Sociological Theory, Berlin: de Gruyter, 1993, p. 218.

涂尔干认为是社会分工，马克思则认为是生产力因素，而韦伯更多地强调
"宗教"的因素。"秩序"与"进步"合二为一为社会整体，"进步"是
在"秩序"中进行的，其最终的趋向是巩固、优化秩序。就像社会学家
关于社会秩序与社会进步论述有着巨大的分野一样，关于"风险"与
"秩序"、"进步"的关系同样有着各异的表达。

风险研究起始于 20 世纪 50 年代，所关注的内容逐渐从经济风险拓展
至政治风险、灾害风险、技术风险和社会风险，研究所涉及的理论方式包
括人类生态学理论、理性选择理论、文化理论、系统理论等。特别是各种
风险背后人为因素的增加，人类社会对自我的反思使得风险成为公共议
题。当各种风险问题逐渐成为影响社会公共安全的社会问题，社会学介入
其中便是一种必然。社会学关于风险的研究主要涉及风险产生的社会基础
和把风险作为公共问题来进行治理对社会所产生的影响。进入 21 世纪，
各种风险现象不断发生并对当今社会产生了深远的影响，社会学家普遍认
为人类社会已经进入"风险社会"，社会学对风险的研究进入全方位、深
入化阶段。

一 风险与秩序

秩序是集体共治的产物，是人类社会正常生活所必需的。在社会共同
体中，秩序并不是简单协商而成的，而是制度规制下的社会状态。社会秩
序是对被规范了的特定状态的一种表达，既是社会成员、社会组织间关系
的一种呈现，又是社会结构的产物。强制与合作、惩罚与激励、引导与约
束、保护与调节等社会整合机制都可以消除共同体内外部的不确定性和形
成良好的预期。因此，社会秩序的存在很大程度上是为了规避与应对风险
而存在，毕竟风险是对现存秩序的挑战。但为了应对风险，建构共同分
担、合作共治的新秩序就有了一个良好的契机。风险的存在既有其存在的
社会秩序基础又对社会秩序产生了深远的影响。

1. 风险的社会秩序基础

其实，在较长一个时期内风险研究所关注的内容一直有两个路径，那
就是人类社会外部"风险"和人类社会内部"风险"。外部风险主要来自
自然的威胁和危险，内部风险主要指人类社会制度安排所带来的风险如政

治风险、社会风险、技术风险等。关于外部灾害风险的研究多存在于灾害风险社会学研究和灾害与贫困的关系研究之中，来研究承灾体的社会经济基础及其所带来的脆弱性。风险都是跟一定的主体——人群、阶层、社会集团和个人的利益相联系的（曾家华，2007）。如斯科特在《贫困与饥荒》一书中通过对孟加拉国大饥荒、埃塞俄比亚大饥荒、萨赫勒地区的干旱与饥荒和孟加拉国饥荒的研究发现：灾害所造成的饥荒并没有蔓延到遭受饥荒国家中的所有阶层，权利被剥夺的弱势群体是饥荒的主要受害者（阿玛蒂亚·森，2004）。也就是说，灾害所带来的各种风险与政治经济不平等秩序有着密切的关系。在灾害社会学、人类生态学等学科主导下，学者们对灾害风险的社会成因予以研究，认为人类活动是制造灾害风险的重要主体，是灾害风险的重要源泉，自然灾害的出现可以是社会系统内部功能紊乱失衡的结果（郭跃，2008）。相对于灾害风险来说，社会学更多地将风险研究投向人类社会内部风险。"随着人类活动频率的增多、活动范围的扩大，其决策和行动对自然和人类社会本身的影响力也大大增强，从而风险结构从自然风险占主导逐渐演变成人为的不确定性占主导。"[1]贝克认为人类历史上各个时期的各种社会形态从一定意义上说都是一种风险社会。以玛丽·道格拉斯和维尔达沃斯基为代表的文化人类学者从风险认知的角度认为风险是社会结构本身的功能。我们知道，社会结构是一种结构化的社会秩序。尽管，贝克所关注的是技术风险，而吉登斯所关注的为制度性风险，但他们都认为现代化早期规避风险的制度化努力在解决传统风险的同时也制造了新的风险。"借助现代治理机制和各种治理手段，人类应对风险的能力提高了，但同时又面临着治理带来的新类型风险，即制度化风险（包括市场风险）和技术性风险。"[2]

2. 风险对社会秩序的影响

"风险对社会秩序的影响"方面的研究思路有风险对既有社会秩序的影响和对未来社会秩序的影响。我们知道，风险本身意味着危险性和破坏性。"由于风险的分配与增长，某些人比其他人受到更多的影响，社会风

---

① 杨雪冬：《风险社会理论述评》，《国家行政学院学报》2005 年第 1 期。

② 、同上。

险应运而生"①，造成了不同群体间新的不平等，被认为是贫困及不平等的一种来源，这种观点主要存在于关于贫困原因的研究文献中。李建华在风险社会的伦理秩序研究中认为："越来越多地避开传统社会中的监督制度和保护制度呈现出前所未有的不确定性，由此导致了以不确定性为根本特征的风险社会与以确定性为基础的现代伦理秩序之间的内在紧张。"②毕竟伦理秩序是一种道德文化秩序，是规范社会状态的核心因素。这种逻辑同样存在于风险与信任秩序（尹保红、秦燕，2011 等）、政治秩序（谢有长，2010）等其他社会秩序之中。按照哈耶克的理解，社会秩序的形成有两种形式，一种是自由的秩序和自发的秩序。其中人类最为需要的是自发的秩序，毕竟它是一种可持续的社会秩序。"人类的发展需要一种可持续的秩序，而可持续的秩序最核心、最深层次的问题是理性问题。"③原因在于风险的影响范围大、程度深，风险治理的社会秩序化便是另一种研究路径。玛丽·道格拉斯是第一位研究风险问题的社会学家，她在关注风险意识和风险问题的复杂性化的同时（1982），认为在古代文明中，人类避免风险的行为目的是在充满矛盾的经验以及道德困惑中创造出一种秩序。④ 风险的客观存在和主观判断共同决定了采取什么样的治理形式来实现一种理想的秩序来规避和减少风险，其根本目的在于调整、增加和保护利益主体的利益。辛勇、王仕军（2009）认为秩序化是传统风险治理的根本，国家是有组织的秩序化风险管理中心。但由于社会秩序的形成过程中不可能一开始是完美的，需要风险的秩序化治理主体多元化和网络化，"调整和构筑新型社会关系"是最安全的风险保护壳，如何调整与构筑新型社会关系，有着制度主义倾向的贝克和吉登斯倡导建立有秩序的制度和规范，强化社会治理的全球化和集体化，而持有社会文化观念的拉什和玛丽·道格拉斯等则认为通过各种社团群落促进非制度的理念和信念来塑造风险的秩序化治理机制。

---

① ［德］乌尔里希·贝克：《风险社会》，何博闻译，译林出版社 2004 年版，第 21 页。

② 李建华：《风险社会中的伦理秩序》，《中国人民大学学报》2004 年第 6 期。

③ 吴玉军：《寻求风险社会中的秩序》，《学术界》2004 年第 3 期。

④ Mary Douglas, *Purity and Danger: Concepts of Pollution and Taboo*, London: Routledge and Kegan Paul, 1966.

二 风险与进步

我们知道，"进步"只是对社会发展或社会变迁的一种进化论表达，要考察社会发展与风险的关系就要重新梳理风险的社会学研究的基本格局。目前，关于风险的社会学研究存在着客观实在论、社会文化观和制度主义三种脉络，它们对风险与社会发展的关系有着不同的表达。从社会进步的角度看，风险的影响是两面性的：破坏性和动力性兼有。首先出现的是破坏性，但人类社会为了将风险秩序化集体地应对风险的所有努力都将促进社会的进步，但又会促生新的风险。

1. 社会进步中的风险因素

风险，在某种意义上，当然是与发展相伴随的。自古以来，风险一直伴随着人类社会的发展，一部人类社会的发展史，也是一部人类挑战风险、抵御风险的实践史。吉登斯（1998）在《社会的构成》中认为例行化行动和结构化行动的目的在于实现个体的本体性安全，消除日常生活中的不确定性。由此可见，风险在一定程度上塑造了社会。有学者认为风险社会是人类社会现代化的一个阶段，也有学者认为人类社会一直是风险社会，区别在于风险类型差异而已。"在风险社会中，不明的和无法预料的后果成为历史和社会的主宰力量。"① 弗洛伊德在对传统社会禁忌的研究中发现：禁忌与各种风险密切联系在一起，道格拉斯在《洁净与危险》中表达了同样的结论。我们知道，越是传统的社会，禁忌、习俗、图腾等传统文化要素越多，就说明风险在传统社会中也是密集分布并影响着社会的发展。只有在传统社会里，风险是通过"过去"来决定"现在"并制约着社会的发展。在现代风险社会中，未来风险决定着人们现在的选择，影响着社会进步。"风险是一个致力于变化的社会的推动力，积极地接受风险也是现代经济中创造财富的精神源泉。"② 风险作为社会发展的动力并不具有直接性，风险本身不是社会发展的天然动力。马克思认为需要是社会发展的原动力，这种需要体现在风险方面就是风险治理的需要。道格

---

① 杨雪冬：《全球化、风险社会与复合治理》，《马克思主义与现实》2004 年第 4 期。

② 转引自曾家华《风险与发展》，中共中央党校出版社 2007 年版，第 1 页。

拉斯和维尔达沃斯基（1982）认为风险推动社会发展有赖于改变社会组织的改变。罗斯在《社会控制》一书中认为，现代化性的推进导致传统社会的控制机制遭到破坏，人的感觉、欲望和激情从传统社会组织控制中释放出来，无政府主义破坏社会秩序的风险显著增加，需要新的法律、道德、舆论、习惯等来约束人类行为。贝克风险社会理论的价值意义在于对现代社会的生产观、进步观、理性观等进行批判，反思人类社会的现代发展理念和方式，从而倡导一个新的社会发展理念。吉登斯则认为通过现代性重构倡导风险社会的全球化和制度化，同样在于构建一个新的社会。其实，所有关于现代各种风险的研究都有着这种促进社会发展的根本诉求。不断地重构安全是社会发展的巨大动力，在一定程度上促进了社会组织化程度的提高、制度化的创新、发展理念的更新和科学技术的采用。"毫无疑问，起源于欧洲的市场经济和民族国家是现代制度的核心，集中体现了风险的制度化和制度化的风险这个特征。"风险决策与治理对社会发展的推动作用彰显无遗。

2. 社会进步与风险的再生

无论是风险研究的制度主义、社会实在论还是社会文化观关于"风险"的理解有多么不同和对风险的划分都有着不同的结果，但都一致性认为："风险是现代的产物。"道格拉斯认为风险是一种对危险的紧张感的变种，而这种风险意识则是现代性的产物。福柯则更为悲观地认为所有与风险相关的规章制度、办法与机构都是为了建构风险而生。不可否认的是作为客观的风险是与社会发展密切相关的，人类在规范和治理传统风险的同时制造了新的风险。[①] "现代性的扩展冲破了传统的风险治理机制，在建立现代风险治理机制的同时生产着新的制度化风险。"[②] 杨雪冬在论述全球化与风险社会的关系时认为社会发展大大加剧了风险的来源、放大了风险的影响及其潜在后果并推动了风险意识或文化的形成。无论学者们怎么争议，但都认为所谓的社会进步导致了风险的增加和影响力的增强，使得人类社会进入"风险社会"之中。

---

① 杨雪冬：《风险社会与秩序重建》，社会科学文献出版社 2005 年版，第 24 页。

② 同上书，第 25 页。

总之，"风险"本身对社会秩序所造成的影响主要在于破坏性和危险性，而人类社会风险应对的秩序化努力本身也在制造着风险。人类应对风险的各种努力及其所借助的各种工具促进了社会的理性化和现代化，有力地推动了社会的发展。不过，目前的研究更多的是现代社会中的风险研究和传统风险类型的现代性因素探索，对传统风险类型对传统社会的研究较为薄弱。

第二节　风险、贫困与脆弱性

贫困村是独特的社区类型，其修饰语"贫困"已经很好地告诉我们其基本的社会经济特征，由于地理特征、自然条件的影响，贫困村又是灾害风险的频发区。事实上，贫困村与灾害风险有着撇不开的关系。而在理论研究中，真正将贫困村与灾害风险联系在一起的是"脆弱性"这一概念。

一　贫困与脆弱性：概念与测量

尽管有关贫困村灾害风险应对的研究成果较少，但通过以下脉络仍可发现贫困村灾害风险应对的研究成果现状及趋势：

1. 风险与贫困研究

自20世纪50年代以来，贫困与反贫困一直是人类社会发展的共同主题。关于贫困的定义是动态的，它走过了一个从狭义向广义不断扩展的过程。与此相适应，各国关于贫困标准的确定也经常调整。对贫困成因的研究已经基本完成了从资源要素贫困观向贫困文化观再向能力贫困观的转变（刘纯阳、蔡铨，2004），贫困文化观指出了贫困与风险间的关系及风险对贫困人群所造成的影响。阿玛蒂亚·森（Amartya Sen，1976）认为贫困可以由可行能力的被剥夺来合理识别，收入的不平等、歧视、公共教育设施的匮乏、政府公共政策的取向等都会严重弱化人的能力。在杨云彦、徐映梅等（2008）看来，这些能力包括就业能力、应付风险的能力及人力资本积累能力，最终影响自我发展能力。在反贫困实践推进过程中，贫困的内涵和外延都发生了变化，贫困不仅反映在经济收入方面，也反映在创造收入的能力和机会，更反映在面临风险能力方面。随着研究的深入，"脆弱性"的概念被引入贫困研究范畴之中。进入 20 世纪 90 年代，国际社会开始把降低脆弱性作为反贫困的重要内容，并开始关注灾害风险对贫困的影响。风险（risk）和脆弱性（vulnerability）一起被认为是理解贫困的关键（Christiaensen et. al.，2004）。随后，"风险"进入作为贫困概念的组成部分之中（Jamal，2009）。综合来看，在贫困与脆弱性的关系界定中，脆弱性既是贫困的特征，也是贫困的原因。关注风险、脆弱性与贫困成为国际贫困研究的主要趋势，而且大部分文献所探讨的"风险"多为"灾害风险"。

我国关于贫困与风险的研究也是随着扶贫开发实践的推进而不断拓展的。学者们最早关注的扶贫资金如贷款等方面的风险（张其奎，1990；姜长云、孙自铎，1990；宋树青，1991；等）和产业扶贫的市场风险（宋树青，1991；蒋和平、申曙光，1993；等），其中以资金风险为最多。环境学者在探讨自然灾害时注意到了贫困地区的灾害问题（安和平、周家维，1994；等），1999 年贫困户收入风险变动与贫困的关系进入学者的眼中，到了 21 世纪初，风险被学者认为是贫困的一种类型和表现（谢维营，2002；沈小波、林擎国，2003；等）。随后风险、脆弱性与贫困成为研究贫困的重要视域，成果日益丰富起来，灾害风险只是较多风险中的一种而已。

2. 贫困脆弱性的概念与测量

以往，国内外关于贫困的研究一般为"贫困事实"的研究，无论是贫困发生率、贫困差率还是其他衡量指标等贫困状况的事后测度指标，只能反映贫困的"结果"。之所以这样，原因在于没有将风险考虑进来测量未来的收入变化。而"脆弱性"概念与分析框架的提出，实现贫困研究从事后干预转向了"事前预测与防范"。其实，风险、脆弱性与贫困的研究可以追溯到阿玛蒂亚·森关于饥荒与政治的研究，他认为饥荒对社会各个阶层所造成的苦难是不同的，贫困群体更容易更为脆弱。关于脆弱性的研究已经广泛涉入各个学科，环境学、经济学、社会学、风险管理等相关领域的学者都对这一概念进行了界定。根据普里切特（Pritchett）的观点，脆弱性本身就是"未来的若干年内至少有一年会陷入贫困的概率"①。由此，"脆弱性"就是贫困的概率性表达。不过，世界银行在 2000 年提出了"贫困脆弱性"的概念："个人或家庭面临某些风险的可能，并且由于遭遇风险而导致财富损失或生活质量下降到某一社会公认的水平之下的可能。"② 风险的可能性和贫困的可能性都是贫困脆弱性的重要内涵，"脆弱性不仅是风险的产物也是个体抵御风险的能力和行动的产物"③。在国际上，脆弱性的测量有三种方法：一是预期的贫困脆弱性，特指陷入贫困的可能性大小；二是低期望效用脆弱性，主要用贫困、风险类型和预期消费与实际消费对比等三个方面来进行测量；三是风险暴露脆弱性，用来判断家庭由于风险打击而产生的事后的经济损失。在三种方法中，前两种都是事前估计，第三种则是事后测量，并由此形成了三种分析模型和不同的分析框架。

我国最早使用"脆弱性"一词的为北京师范大学的张琦教授，当时他在《贫困地区农村人口问题刍议》（《西部开发》1990 年第 3 期）采用这一词来说明贫困地区经济关系的现状，但并没有进行解释与说明。这种状况一直延续到 1999 年，学者陈成文在论述社会弱者的特征时认为贫困、低层次和脆弱性是社会弱者的三大特征，"贫困性本身也就蕴含着承受力上的脆弱性"④，并认为测量应该以"承受力"为核心从主客观方面进行测量。随后，"贫困"与"脆弱性"被联系在一起。1997 年世界粮食计划署借助其援华项目在 2000 多个县使用了脆弱性分析方法，指标涉及一级指标如土地资源、自然灾害的影响等 12 个，二级指标 36 个，不过当时主要针对粮食安全风险方面的脆弱性（韩铮，2001）。目前在国内，世界银行关于"脆弱性"的概念被我国学术界普遍接受。至于测量，我国学者多采用事前的量化方法，如国情调查课题组（2009）对江苏李庄的分析所采用的对风险"事后分析"和资本测量相结合的方法，李小云等

---

① 陈贻娟、李兴绪：《风险冲击与贫困脆弱性——来自云南红河哈尼族彝族自治州农户的证据》，《思想战线》2011 年第 3 期。

② 李伯华等：《社会关系网络变迁对农户贫困脆弱性的影响——以湖北省长岗村为例的实证研究》，《农村经济》2011 年第 3 期。

③ 黄承伟、王小林、徐丽萍：《贫困脆弱性：概念框架和测量方法》，《农业技术经济》2010 年第 8 期。

④ 陈成文：《社会学视野中的社会弱者》，《湖南师范大学社会科学学报》1999 年第 2 期。

（2007）则通过对农户生计资本赋值的方式来确定农户的脆弱性水平等，在具体测量上有着本土化的卓越探索。

二　贫困村与脆弱性

随着我国扶贫开发的不断深入，扶贫开发效果越来越引起社会各界的反思，其中有一个原因就是扶贫项目和资金分布的过疏化。为了提高扶贫开发的效果，甘肃省在20世纪末所创造的整村推进扶贫开发模式被上移为国家扶贫开发范式，随后我国扶贫干预单元逐渐转向以贫困村为主，贫困村在国家扶贫开发政策体系中有着重要的地位，在贫困村进行的各项扶贫开发项目被学者们所关注，基础设施、产业发展、互助资金等各类项目的扶贫效果成为新的研究领域。可惜的是，贫困村社区的概况和特征并没有得到很好的总结与归纳。

1. 贫困村社区概况与特征

从生计资本来看，蔡志海（2010）通过对汶川地震灾区贫困村的调查显示，贫困村农户生计资本总量相对较低，且资本结构不合理，特别是金融资本、人力资本、自然资本等更为低下。这其中，经济资本缺乏应该是最主要的原因。在经济收入偏低的情况下，贫困村农户的消费结构是不合理的，不过经过长期的发展日益趋于合理（冉光和、鲁钊阳，2010）。在社区动员与资源整合能力方面，有学者认为贫困村基层组织涣散、集体经济薄弱、党员素质不高和干群关系紧张等因素导致社区动员与资源整合能力的弱化（王寿丰，1995）。在国家政策体系中，贫困村处于边缘地位，农户对政策知晓率很低且很多政策没有考虑到贫困村的现实情况而没有得到落实（左停、唐丽霞、李小云，2009）。从整体来看，贫困村社区特征是贫困。有学者认为贫困村的具体特征可以归纳为交通闭塞、信息不灵、农业结构单一、社会资本少、生产方式落后、抗拒自然灾害能力较弱、人力资本偏低、社区精英和成员思想落后、公共产品供给不足等（郭伶俐，2003；王建兵、王文棣，2008）。目前较为权威的归纳为国家相关部门的调研结果，在《新阶段扶贫开发成就与挑战》一书中《大学生扶贫社会调研报告》通过对245个县455个贫困村调查显示，贫困村交通条件差（到乡镇的平均距离为8.7公里，距离县城为30.1公里，三分之一的村落并没有通路)、通信和用电很不方便、医疗条件差、自然灾害频发（受灾村占 65.93%）、村庄治理状况差、贫困发生率高且贫富分化严重和各种资本状况较差（人力、物质、自然、金融和社会资本等方面）（中国农业大学人文与发展学院、国际农村发展中心，2006）。

细读这些文献，我们似乎看到一个十分脆弱的贫困村的形象。在学界话语中，贫困村社区特定界定并没有简单地与贫困测量一样以经济收入为单维指标，而是从多重角度来凝炼，但是方法大多为定性分析，定量的、对比的分析较少，这些特征可能与当地非贫困村社区大抵相似。贫困村的"命名"并不是测量后的结果，而是政府扶贫开发的区域选择，带有很强的政府意志，因此在研究视野中，"贫困村"可能并非事实中的"贫困村"，不过仍能反映出贫困村的大致特征。

2. 贫困村的脆弱性分析

通过文献综述发现，贫困村的整体特征是一种社区贫困，社区资源匮乏，各种生产与生活所需的资本都比较缺乏，社区的发展很大程度上依赖于外界资源，失去活力且难以提供必需的公共产品与服务，增加了村民的成本。另外，社区可行性能力如领导力、获取外界资源的能力、集体行动的能力等的缺乏，导致社区发展失去了能动性、发展机会且无法依靠自己的行动改善处境。资源与能力的双重缺乏，社区已经无法正常发挥其功能。在这种情况下，贫困村又是一个灾害多发、频发的社区，传统风险与现代风险交织在一起，面临某些风险的可能性增加，并且在风险影响下贫困脆弱性程度很高。

第三节　贫困村灾害风险应对理论与实践

针对贫困村社区贫困问题，我国在总结各地经验的基础上，提出了"整村推进"扶贫开发模式，即以整村推进为切入点，努力改善贫困地区的生产生活条件，以培训促转移为切入点，努力提高贫困农民的综合素质，以产业化龙头企业为切入点，努力调整贫困地区的农业产业结构。"整村推进"扶贫开发模式实现了反贫困工作的社区化，囊括了基础设施、公共服务供给、产业发展、精神文明建设、民主政治建设和村级组织领导力建设，旨在通过资源输入、文化扶贫和能力建设来缓解贫困村资源匮乏和社区可行性能力弱的现状。根据王姮和汪三贵的研究表明："没有发现该项目（整村推进项目）住户的收入产生影响，但发现项目能够使住户更容易地获得安全的饮用水，也改善了住户居住环境和卫生条件。"[①] 目前的整村推进扶贫开发模式在贫困人群的生计可持续发展的贡献率有待提高，原因在于旨在改善生计的产业发展项目在各种不确定的风险因素面前显得尤为脆弱。贫困村的反贫困必须与灾害风险应对相结合。

一　社区风险管理研究与国内外实践

"风险"意指不确定性（贝克，1987），在贝克眼中，风险意味着技术应用后果的不确定性。在后续的发展中，风险评估（奥特·温伦内，1992）、风险预警、风险感知研究（保罗·斯洛维奇，2007）、规避机制研究等有关风险研究非常炙热，成为热门话题。德国社会学家卢曼（N. Luhmann，1993）说，我们生活在一个"除了冒险别无选择的社会"，我们必须进行风险管理。

1. 社区灾害风险管理研究

贝克说："人类历史上各个时期的各个社会形态从一定意义上说都是一种风险社会，风险与人类共存的。"[②] 这样说，任何一个社区都是风险社会的一部分，社区可能更是如此。在人类学家看来，氏族、会社等原始的社区制度都与风险防范有着密切的关系（罗维，2006）。在对灾害的早期研究中，已有学者指出社会网络与社会联合体是对灾害作出反应的最基本社会单位之一（Drabek et al.，1981；Leik et al.，1981）。然而，在屈锡华等（2009）看来，社区在灾害面前是极为脆弱的，具体表现在：社区面对灾难的风险性大、社区对灾难的敏感性低、社区面对灾难的抵抗力差和社区的灾后恢复力弱。因此，必须构建社区风险防范与危机应对机制。

---

① 王姮、汪三贵：《江西整村推进项目的经济和社会效果评价》，《学习与探索》2010 年第 1 期。

② 贝克：《从工业社会到风险社会》，王武龙译，《马克思主义与现实》2003 年第 3 期。

　　然而，西方社区是单纯社会治理单元而非经济单位，市场风险并没有纳入社区应对体系之中，而疾病等人力资本方面的风险则依赖于社会保障体系，社区灾害风险应对是一个薄弱环节，因此，国外的社区风险管理研究大多指向了灾害风险管理。西方的社区灾害风险管理大多引入其他学科如经济学、管理学等的风险管理思想，风险管理就是研究风险发生的规律和风险控制技术并运用相应的方法和手段对风险进行控制和转移，以实现用最小的成本支出获得最大的利益保障，使风险造成的损失降到最低限度（毛小苓，2006）。

　　国际社会的风险管理与减贫相结合的研究是基于对贫困人群致贫原因的关注得以展开的，这与我国本土学者研究贫困社区灾害风险的原始动因是相同的。国内外研究灾害的学者群体基本注意到了灾害风险应对时贫困社区的易损性（Nicdy Gardo，2004），这一概念成为分析贫困社区灾害风险应对研究的基本概念。在灾害风险感知研究中，学者们发现经济条件差异影响着居民对灾害风险的感知水平，呈现出"经济条件越差，感知能力越弱"的特征。（Dake，K.，Wildacsky，A.，1991）在应对风险方面，陈文科（2000）认为在不能完全消除灾害源的前提下，通过贫困社区减少社会经济系统的易损性是减灾的根本原则，其关键是把自然灾害问题与可持续发展结合起来。减轻社区易损性是贫困社区灾害风险应对及促进地方发展的有效方法。（Luc Vrolijks，2004）

　　2. 社区风险管理的国内外实践

　　与其他公共服务一样，西方社区灾害风险管理都是以社区为平台的。由于西方发达国家社会福利与社会救助体系的发达，疾病、灾害等风险的管理都是基于市场而建立起来的保险体系。而起初的风险管理大多来自经济学（特别是保险学）。而社区风险管理则随着防灾减灾型社区建设而被提出来的，国际社会开始倡导以社区为核心的减灾战略（沙勇忠等，2010），形成了社区灾害风险指数及脆弱性分析框架，并将之付诸实践。世界卫生组织（WHO）早在1989年通过的《安全社区宣言》中就界定了"安全社区"的标准。1994年，第一次世界减灾大会明确提出了"社区减灾"的各项任务，1999年在瑞士日内瓦召开的第二次世界减灾大会的管理论坛强调要关注大城市及都市的防灾减灾，尤其要将"社区"视为减灾的基本单元。美国和日本的社区风险管理体系建设走在世界的前列，形成了"安全社区"（美国）、"防灾型社区"（日本）以及"以社区为基础的灾害风险管理"（东南亚）等三种典型模式（宋艳琼、赵永、徐富海，2011）。之所以这样，究其原因，取决于完备的法律、完善的设施、居民危机意识增强、自救能力的提高和健全的组织体系（郭正阳、董江爱，2011）。在长期的探索中，创造出了将社区和政府的各种管理方法综合起来、以参与式为主导的以社区为本的灾害风险管理模式（CB-DRM）。但这些探索较多在经济发达的社区进行，对贫困社区的研究与实践偏少。

我国长期进行减灾体系建设，逐渐认识到"社区灾害管理是减灾防灾的基础"（叶宏，2010），并进行了防灾减灾型社区建设，但大多示范社区是在经济发达、比较富裕的社区进行的，大多以灾害风险应急能力提升为主要目标。毕竟中国引入社区灾害管理概念已有多年，相关的学术研究也现于报刊，社区层面体系化、系统化研究明显不足。真正在社区层面开展参与式实践，却是在汶川地震之后，国际性民间组织如联合国开发计划署（UNDP）、"美慈"等进行了大力助推并倡导以社区为本的综合社会服务（徐文艳等，2009）。2010年"国家防灾减灾日"的主题就是"减灾从社区开始"，社区灾害风险管理建设迎来了历史性的机遇。

二 贫困村灾害风险应对的理论与实践

早在20世纪八九十年代，我国就有学者倡议将灾害与贫困及经济社会的关系纳入灾害社会学研究范畴之中（马成立，1992），但我国社会学家被其他关键性社会议题所吸引，关于灾害的社会学研究非常少，到"十一五"期间，灾害社会学仍未进入主流社会学之列，将"社区"与"灾害"相联系的社会学研究则更少（刘孚威等，2006）。而到了2001年，脆弱性分析开始在中国扶贫项目中应用，联合国框架下的灾害风险与贫困的关系问题开始进入国内学者视野之中，但研究多为实证研究，缺乏理论上的探究。

1. 本土学者视域中的灾害与贫困关系

在较少的文献中，不同的学者分别从定性与定量的角度予以了不同的论证，可以看出灾害是导致我国扶贫工作难有成效的关键因素之一。王国敏（2005）定性地指出自然灾害总是与贫困相伴随，且呈正相关关系。自然灾害对人类生产和生活的破坏作用日益加重，从而导致一部分农村人口处在贫困线上，或使一部分已经脱贫的人们重新返贫，使得我国全面建设小康社会的任务更加艰巨。张晓（1999）从定量的角度分析了水旱灾害与农村贫困的关系，研究发现水旱灾害对农业生产的破坏平均每提高10%，农村贫困发生率便会增加2%—3%。国家统计局农村社会经济调查总队（2003）调查的结果表明：自然灾害是大量返贫的主要原因，2003年的绝对贫困人口中有71.2%是当年返贫人口。在当年返贫农户中，有55%的农户当年遭遇自然灾害，有16.5%的农户当年遭受减产五成以上的自然灾害，42%的农户连续2年遭受自然灾害。

2. 贫困村灾害风险应对理论与实践

科尔曼强调社会科学的主要任务是解释社会现象，而不是解释个人行为，但是如果要充分了解系统行动，则应以系统层次之下的个人层次的行动作为研究的起点（丘海雄、张应祥，1998）。因此，要了解社区灾害风险防范的研究现状，必须从贫困社区成员的灾害风险应对行为方面的内容来作为文献梳理的起点，从看似与研究主题不太相关的文献中发现零散的知识。

贫困村可以说是一种短缺社会形态。在短缺社会中，"人类与生俱来地与周围世界存在着两种无法改变的关系：不确定关系和不可能关系"①。不确定性关系的实质就是贝克意义上的风险，然后贫困村虽然具有传统意义上的短缺社会特征，但毕竟在现代社会中，"贫困村"是一个传统社会、现代社会甚至后现代社会三种形态的交融，吉登斯意义上的前现代风险（灾害风险）是贫困村主要的风险之一。

"贫困村"是中国特有的社区类型，是风险应对的独特领域。贫困村内部存在着内部配置风险和外部环境风险两种类型，相对于外部环境风险而言，内部的配置风险在弱配置阶段最易于陷入贫困，沈红认为应该针对扶贫保险机制的探索，寻求防范自然风险的体制方案，指出责任相关机制和利益相关机制在维持扶贫目标上的重要作用（沈红，1993）。

---

① 钱宁主编：《基督教与少数民族社会文化变迁》，云南大学出版社1998年版，第71页。

贫困村社区面临的最大风险为灾害，同时也面临着诸如通信、交通、减灾投入意愿单一、灾害意识薄弱、灾后志愿救助活动参与率低、不同地区基层政权与基层自治组织发挥作用差异较大等困难，要提高贫困村灾害风险应对能力必须增加基础设施、公共服务供给、能力建设和机制建设（吕芳，2010）。一旦灾害来临，除了上述因素外，社会资本（赵延东，2007；符平，2010）、内外联动机制和政府与贫困村社区共同构筑的共同体都影响着贫困村灾害应对及恢复的效果。针对贫困村应该实施整村推进模式等扶贫开发工作，才能有效推进贫困村灾后恢复（李棉管，2010；刘鸿燕，2010）。不过从整体来讲，贫困村灾害风险应对机制处于探索与被动阶段，社区参与不足，使其在整个社区灾后重建的政策制定和方案规划中往往充当配角（王标，2009），事实证明，参与式是贫困村灾后重建的有效方式（韩伟，2009）。从这可以看出，由于汶川地震的影响，贫困村灾害风险应对研究主要偏重于灾后恢复重建方面，缺乏对灾害应对的系统研究。王宏新、何立军（2011）认为贫困村灾害风险能力建设不仅仅是技术问题，而且与一个地方社会经济文化发展及灾害风险意识、能力与生活方式等因素相关，然而目前贫困村面临着："经济社会发展的基础很落后，技术条件也不具备，人们的生活习惯与生活方式与防灾减灾的要求相去甚远"① 等难题。

社区风险管理与反贫困的衔接始于汶川地震贫困村灾后重建。在 UN-DP 推动下，灾后风险管理与反贫困相结合的模式开始付诸实践。伴随着实践的开展有关研究开始出现，但成果较少。而对灾害风险则强调通过规模化、组织化来提高应对能力，贫困治理则吸收了这一结论，在产业化扶贫、整村推进中强调规模化和农民合作组织的重要性。同时注意构建农业保险体系，但效果不佳。其他灾害风险的应对则强化国家一体化的社会保障体系以提高贫困人群的风险应对能力。

---

① 王宏新、何立军：《汶川地震灾区农村恢复重建、扶贫开发与可持续发展：机遇与挑战》，载黄承伟、陆汉文主编《汶川地震灾后贫困村重建进程与挑战》，社会科学文献出版社2011年版，第270页。

第四节 灾害风险应对与贫困村可持续发展

曾经不少学者（主要是坚持文化贫困观和能力贫困观的学者）认为贫困者之所以贫困，原因在于贫困人群懒惰、保守的文化存在，后来这种观点遭到了关于贫困解释的结构主义者、制度主义者的批驳。结构主义者与制度主义者认为贫困农户对外在反应作出了响应，"第一，从历史上来说，他们是成功的，至少维持了其人类自身的生产与再生产；第二，这些贫困农户对外界的反应确实表现得较迟缓，至少表现在他们变革的步伐要比我们所期望的慢得多，但并不是停止的，而是在变化的；第三，他们尝试变革的行为也常常受到阻碍，或者是由于现有体制的原因，或者是因为其他诸多因素的限制等等"[①]。这一切可以归结于贫困者在应对灾害风险时所采取的行为策略。

一 农户灾害风险应对策略与生计可持续改善

在斯科特眼中，农民是一群风险厌恶者群体，他们应对风险的策略是消极的，马克斯·韦伯认为农民应对风险时不求获取多，但求损失少。尽管如此，农民的风险意识则是很强的，"农民们对生产中的自然风险并不陌生，自然风险甚至是他们日常生活的一部分，没有什么特殊的"[②]。

1. 农户应对灾害风险的基本策略

在农业市场化、生产生活社会化等因素驱动下，农民生计依赖很大程度促使农民经济行为的理性化和外向化。然而，由于农民处于"商品小农"与"理性小农"之间，还部分带有"生存小农"的特点（徐勇、邓大才，2006）。在此情境下的农民的求利欲望、积累动机是与风险之下的"担心"、"恐惧"相伴随的，农业市场化导致农业成为"爱与怕的经

---

① 郑宝华：《风险、不确定性与贫困农户行为》，《中国农村经济》1997 年第 1 期。

② 王道勇、江立华：《居村农民与农民工的社会风险意识考察》，《学术界》2005 年第 4 期。

济"。"避免风险"和"安全第一"之上的"经济利益最大化"有着很强的"安全高于利益的偏好"。这种偏好在费孝通、黄宗智等人研究中均有所呈现。① 在韦伯及费孝通等不少国内外学者看来，农民独特的风险意识，这种意识已成为当代中国农民的经济伦理品质（管爱华等，2006）。这一品质与原则反映在农业产业化农民的风险意识、生产风险、合作社风险、巨灾风险及健康风险等众多风险之下的农民风险意识行为研究之中，认为农民规避风险与危机应对的方式是有效的，构建有效的风险防范与处理机制时应注意内外结合（丁士军、陈传波，2001），形成了事前多样化策略与事后策略（Pandey，2000）。在有些学者看来，多样化策略、空间分散是农户生产的基本策略，这些策略是属于事前策略（徐慧清、王焕英，2006；丁士军、陈传波，2005）。事后策略则有着动用储备、相互援助、减少开支等，综合来看主要表现为多样化策略、弹性化策略和消费平滑策略（陈凤波等，2005；冯伟，2009；等）。在所有的策略中，资产积累是最为重要的（马小勇、白永秀，2009），它和社会网络内风险统筹、生产经营中的保守行为等都属于非正规风险规避机制且是主要的规避策略（马小勇，2006）。费孝通、张之毅在《云南三村》之玉村的案例研究中，讲述了一场波及150多家的大火之后，有86家流离失所，可见人口迁移外流从事非农业是该村农户应对火灾之后的主要措施。② 而在影响因素方面，农户的生计与社会资本都影响着风险的脆弱性（郜秀君，2009）。然而这些研究都是一般农户意义的探索，是否适用于贫困人群仍是一个未知数。

2. 应对策略与可持续生计改善

在农户应对灾害风险的策略体系中，其方式选择的行动回避了高风险和高利润的生计项目，所选择的风险较少的生计项目经济收入水平也较低，因而延续了生计传统，保持了他们生产生活的安全。最为可贵的是他

---

① 费孝通在《消遣经济》一书中有关于此偏好的描述，认为是避祸求安心态的反映。而美籍华人黄宗智认为农民经济理性问题上农民不是遵循利益最大化的原则而是为了维持整个家庭的生存，甚至参与市场行为也不是为了谋利而是为了活命。具体可参见《消遣经济》，载《费孝通文集》（第2卷），群言出版社1999年版及《华北的小农经济与社会变迁》，中华书局2004年版。

② 费孝通、张之毅：《云南三村》，社会科学文献出版社2006年版，第461页。

们实现了自身的安全，却导致了黄宗智所说的农业的"内卷化"和农村经济发展的长期停滞（黄宗智，2004）。由此，农户在社区内部进行生计可持续改善的努力难度较大，可能性程度在降低。在玉村大火发生后，费孝通、张之毅（1941）所说的人口外流群体有十余户采取了非农业之外的生计方式。因为生计压迫，"手工业是帮助农业，来维持庞大的乡村人口"①。多样化、非农化的应对策略发挥的功能仅仅是"维持"，并未促进乡村经济的发展。

二　贫困村灾害风险应对与社区可持续发展

在灾害风险分布较为密集的贫困村社区内部，社区及居民灾害风险应对行为会对整个社区秩序产生影响，这种影响可以分离出积极的与消极的两种成分。影响消极抑或积极取决于灾害风险决策。无论是传统的还是现代的风险决策研究都注重对灾害风险行为、风险偏好与风险态度方面的分析研究（薛庆国，2011）。灾害风险研究也是如此，只是体系化的研究偏少。另外灾害风险决策存在着群体决策与个体决策两个类型，这些知识框架成为本研究从零散的文献中梳理"贫困村灾害风险应对与社区可持续发展"相关研究成果的基本路径依赖。

1. 消极的影响

贝克认为人类是风险的制造者（贝克，2003），这就是在人类活动中，会制造出新的风险。风险应对机制有三种：国家机制、市场机制与公民社会机制，这三种机制是现代社会预防、分散与减少风险基本框架，都会衍生出"二级风险"（杨雪冬，2006）。同时风险应对会造成传统行动的持续化，影响经济的发展，使得贫困得以延续甚至加重（王文龙、唐德善，2007）。面对风险，农民有限理性实现程度较低，极易出现风险偏好的倾向（Winter Halder，B.，1997）。研究表明，在贫困者每一种行为偏好中，都存在一定的合理依据，客观上却导致了小农总体行为的"非理性"结果，对他们的贫困产生了直接影响，每一种改善贫困、防御灾害风险的行为，导致农业生产的低水平化，最终却导致为贫困化（周彬

---

① 费孝通、张之毅：《云南三村》，社会科学文献出版社 2006 年版，第 264 页。

彬，1993）。在费孝通看来，还束缚了"禄村"类贫困社区土地关系，因为"在这种浩劫中，只有一种财产为人家抢不走的，那就是农田。农田是搬不走的，他可以荒上一两年，人一回来，一加耕种，青青的稻，黄黄的谷子，全不记得往年的伤痕……生活愈不安定，生命财产愈是得不到保障，土地的价值愈是显明"①，在此，费孝通通过玉村的案例讲述了农户为了应对各种灾难而采取的租田、卖田、典田典地等行为及其影响，可见以田地为中心的应对方式提高了土地的价值和束缚了土地关系，导致了乡村社区的贫富分化。贫困小农经济行为的合理性要用家庭生活预期、社会生活的合理性来解释，认为导致中国农业生产的长期低水平化。而在灾害风险对社会生活方面，历史学者通过不同时期的自然灾害风险对乡村社区民俗、社区秩序、人口与民生等诸多方面（董传岭，2008；苏新留，2004；等）。汪汉忠（2005）通过对苏北民国时期灾害的考察，认为灾害对资本积累、商品交换、交通运输及民众心理都产生了制约性作用。②

2. 积极的影响

在风险应对方面，刘雪松（2007）认为可以促进责任共同体与伦理共同体的形成，促进社会关系的密切程度。这在弗里兹和巴顿等看来有利于村庄共同体的形成（Fritz，1961；Burton，1970）。而应对风险的农民合作组织则增强了村庄的社会资本（刘磊、杨建平，2011）。在经济方面，有经济学家认为灾害促使人们采用创新性成果，每一次灾害的发生都能推动经济发展（Aghion and Howitts，1998；Albala Bertland，1999）。很明显，在村庄共同体、伦理道德、社会资本等方面的研究成果为本研究提供了借鉴，然而这些研究的零散性影响着本研究的整体把握，而"经济方面的积极影响"的结论对在贫困村社区的适用性有待商榷。另外在生计维持方面，费孝通等（1941）在对云南易村等村的研究发现，以"手工业帮助农业维持生计"的策略在很大程度上促进了乡村手工业的发展，降低了贫困社区的脆弱性。农民是安土重迁的群体，包括灾害在内的因素所导致的生计困难使得农户被迫外迁成为一种传统，提高了乡村社区与外

---

① 费孝通、张之毅：《云南三村》，社会科学文献出版社 2006 年版，第 175 页。

② 汪汉忠：《灾害、社会与现代化：以苏北民国时期为中心的考察》，社会科学文献出版社 2005 年版，第 349—368 页。

界的关联度。①

从整体上来看，目前对贫困村灾害风险、应对及其影响的专门性研究并不是很多，不少学者在研究农业问题、灾害问题、农村风险问题时有所涉及，并非系统的研究。在针对灾害风险应对的研究中，围绕着汶川地震贫困村应急与恢复重建方面的研究，大多为一种事后研究，系统性研究贫困村灾害风险的文献十分不足。无论是从研究主题、研究视角与方法还是研究成果方面，目前研究都存在诸多不足：（1）灾害风险已经被视为贫困的成因，但灾害风险诱发贫困的机理研究较少；（2）社区灾害风险应对研究与实践取得了丰硕成果，但对经济资本、社会资本水平比较低的贫困社区的灾害风险应对的特性研究不足，研究成果十分缺乏；（3）"风险"、"风险社会"研究比较炙热，但多立足于现代化、工业化背景之下，同时未能有效研究灾害风险积聚及其后果，特别对物质匮乏社会或社区的传统灾害风险及其对秩序的影响研究急需加强；（4）关于农民、贫困人群灾害风险规避的研究较多，但相关研究多以单一农户为研究对象，忽视了国家、社会与市场等主体介入后所形成的灾害风险多元治理事实；（5）在对策取向上存在着"重国家、轻农户"的倾向，在研究对象方面存在着"重农户、轻其他主体"的基本事实，同时有关构建社区整体层面的灾害风险应对机制方面的研究有待整合、完善。

---

① 具体可参见费孝通、张之毅《云南三村》，社会科学文献出版社 2006 年版，第 466—472 页。

第二章

贫困村灾害风险类型、来源与影响

本章主要从社区关键人和农户的认知出发，总结贫困村社区及农户所面临的灾害风险类型。灾害风险不仅是自然灾害的产物也是社会经济的产物，灾害风险的识别不仅要考虑自然灾害因素还要考虑社会资本、经济资本等与脆弱性有关的因素。农户的生产生活是一个周而复始的过程，任何一个环节都存在着风险冲击的可能，农户所依赖的资源如人力资本、物质资本、社会资本、公共资源和基础设施都是研究所考虑的内容。在调研实施中，参与式研究和乡村快速评估法是研究的主要方法，通过让社区关键人和农户描述社区的风险、农户描述自己所面临的风险并对这些风险的影响进行排序，并通过受灾作物种类、受灾面积和产量影响来计算经济损失，这样可以更好把握灾害风险的类型、问题根源及影响。为了提高调查的准确性，时间被界定在"过去的五年"，并参照事先列出的风险类型逐项统计，最后借助统计技术进行归类和分析。因此，研究设计了两套问卷，分别对社区负责人和农户进行问卷调查。灾害事件在贫困村是常发的和多发的，社区和居民都有着一定的灾害记忆。考虑到实地调研时间紧、任务重的客观限制，在问卷设计方面对灾害风险类型及其损失的考察采取了"过去界定现在"的测量手段，即通过对过去事件的记忆计算来确定现在灾害风险类型。为了提高认知的准确性和一致性，"事件记忆"被界定在五年之内，题目设计以开放式为主。此种方法的核心在于通过开放的、多元的、参与式的方法对"已知"灾害类型的测量来建构贫困村的灾害风险类型。

第一节 贫困村灾害风险的类型与分布

在各地扶贫开发总结材料，反思其工作成效的各种因素序列中，灾害风险、市场风险是两大动态性因素。如果要考察风险对村落社会的影响，灾害风险是最好的选择，毕竟我国整个社会的市场化才 30 多年时间，贫困的农村社区市场化程度不是很深，而灾害风险几乎是与人类的生存和发展相伴随的。灾害风险是一种传统的风险类型，其不确定性是一种来自人类社会外部并与承灾体承灾能力相关的风险因素。那么，当下贫困村的灾害风险有哪些呢？它们又是如何分布的呢？

一 贫困村灾害风险类型

根据民政部 2010 年全国民政事业统计季报（2010 年第 4 季度）数据结果："2010 年农作物受灾面积 3742.6 万公顷，受灾人口 4.3 亿人次，成灾面积占受灾面积的 49.5％。"[①] 据成灾面积占受灾面积的比重推算，乡村成灾人口约为 2.1 亿人次。同期，农村人口为 6.7 亿人左右，平均每户 3.95 人，灾害波及农户约为 1 亿户次，其中大部分灾害发生在生态环境较为脆弱地区，有相当比例的贫困村分布在生态环境脆弱地区。"据调查，贫困村大部分农户都受到自然灾害、病虫害和环境退化事件的打击，其比例分别占到 76.7％、79.9％和 57.9％。贫困农户对当地的生存环境总体满意度不高。"[②] 可见，在全国范围内，贫困村社区普遍遭受灾害风险的影响。

1. 社区层面的灾害风险类型

在农民的风险序列中（见表 2—1），灾害风险是处于首位的风险类

---

① 民政部：《民政事业统计季报》（2010 年第 4 季度）（http：//files2. mca. gov. cn/cws/201102/20110212093628359）。

② 李小云、叶敬忠、张雪梅等：《中国农村贫困状况报告》，《中国农业大学学报》（社会科学版）2004 年第 1 期。

型。对于农民来讲，灾害风险与其他风险不同的是无法有效规避，而应对市场风险和技术风险，农民底线就是"大不了不进入市场"和"大不了不用新技术"。灾害风险是无法躲避的，只能应对，如果把灾害风险置于"大不了"的消极话语中推演出来的结果是无法想象的。根据对武陵山区贫困村的社区调查问卷统计结果显示（见表2—2），在过去的5年里149个贫困村均不同程度地受灾，旱灾、水灾、病虫害、冰雹和风灾等灾害是调查样本贫困村分布较为广泛的灾害类型。从发生频次上来讲，风灾、山洪泥石流、病虫害、水灾和旱灾等是发生较为频繁的灾害类型。对比灾害分布范围和发生频次可知，分布范围较广的灾害其发生频率相对低于分布范围狭小的灾害，也就是说在贫困村具有普遍性和代表性的灾害风险并不是各个贫困村常发的灾害风险。借助回答率较高的"近五年来第一次较严重灾害"与"近五年来第一次较严重灾害损失"的卡方检验（见表2—3），结果发现在贫困村社区关键人看来，发生频率越高的灾害风险所造成的损失越严重，所以贫困村社区的灾害风险类型有着很强的地域性。"普遍的不一定是最严重的"，这种结论对我们从整体性、普遍性角度研究灾害和归纳具有代表性灾害风险类型的努力具有一定的讽刺性。因此，研究社区层面的灾害风险及其影响要比从地域和全国整体的角度更贴近社区实际。

表2—1　　　　　　　　农业产业发展过程中的农民风险感知[①]

单位:%

选项及序列	品　　种	技术	价格	销路	灾害	其他
是	7.8	27.2	41.6	38.1	52.9	10.1
否	92.2	72.8	58.4	61.9	47.1	89.9
序列	第六位	第四位	第二位	第三位	第一位	第五位

---

　　①　数据来源于华中师范大学社会学院所承担实施的《连片开发扶贫模式对少数民族社区的影响及其政策建议》项目对湖南凤凰、湖北建始、重庆黔江、贵州印江和四川普格等地495个农户的调研数据分析结果。

表 2—2　　　　　　贫困村社区灾害风险分布判断（五年内）　　　单位：个，次

统计项	农业灾害	水灾	旱灾	冰雹	大风	山洪泥石流	霜冻	病虫害	山林火灾	其他灾害
受灾害影响的贫困社区数	149	102	107	91	84	73	85	96	66	149
未受灾害影响的贫困社区数	0	47	42	58	65	76	64	53	83	0
单一贫困村各种类型灾害发生最少次数	3	0	0	0	0	0	0	0	0	0
单一贫困村各种类型灾害发生最多次数	32	18	12	6	20	20	5	20	6	10

注：数据来源于避灾农业项目问卷调查，文中如无特殊说明，均来自该项目。

表 2—3　　　　　贫困村近五年来第一次较为严重的灾害与其所造成
损失的卡方检验结果

	统计	自由度	显著性水平（2 - sided）
皮尔森相关系数	1317.657（a）	1428	0.982
似然比	421.589	1428	1.000
有效案例数	149		

注：（a）1515 cells（99.8%）have expected count less than 5. The minimum expected count is. 01。

2. 农户家庭层面的灾害风险类型

通过对农户问卷相关题目的统计分析发现（见表 2—4），在过去的五年内，80.1% 的农户遭受了不同程度的灾害，贫困村社区成员眼中，过去一段时间遭遇最多的为水灾、旱灾、风灾、雪灾和病虫害等，而从所造成的损失来看，水灾、旱灾、雪灾、冰雹和风灾是主要的，70.2% 的农户在五年内发生了两次以上的灾害。从农户角度来看，发生频次多的灾害恰是损失较大的灾害风险类型，"普遍的是最严重的"，这和社区层面"普遍

的不一定是严重的"形成了鲜明的对比。从整体性、普遍性角度研究灾害和归纳具有代表性灾害风险类型最好的研究与分析单位是农户，而非社区，本研究贫困村的灾害风险从社区和农户两个角度同时展开灾害风险类型分析是正确的选择。样本农户中认为最近一次的灾害发生在 2009 年以前的比例为 36.6%，绝大部分认为发生在 2010 年，灾害类型主要为水灾、旱灾，比例占所有灾害类型的 62%，造成的损失都在 1000 元以上。对比社区层面的灾害与农户层面的灾害类型，发现它们之间有诸多差异。村庄社区与农户的灾害对比，这种差异除了社会记忆因素外，"个体体验"与"集体经验"的差异是最为根本的要素。社区整体性的集体经验与农户的个体经验的差异透露出农户个体所遭受的灾害部分地为集体共同体验，部分个体体验只是家庭"事件"而非社区集体性"事件"，由此我们可以认为贫困村内部灾害风险的分布是不均匀的。

表 2—4　　　　　　　　　　农户最近五年内受灾认知情况

题目	五年内是否受灾	水灾	旱灾	冰雹	风灾	雪灾	霜冻	山洪	泥石流	病虫害	严重受灾损失均值
统计结果	有 80.1%	有 59.8%	有 57.1%	有 16.2%	有 30.5%	有 37%	有 11.7%	有 18.5%	有 8.6%	有 38%	第一次 1157 元
	没有 19.9%	没有 40.2%	没有 42.9%	没有 83.8%	没有 69.5%	没有 63%	没有 83.3%	没有 81.5%	没有 91.4%	没有 62.0%	第二次 1050 元

贫困村社区层面与农户层面灾害风险类型的差异不是灾害事件本身的差异，而是它们关于灾害事件体验不同和记忆差异。灾害风险有着不同的作用路径，其所产生的影响范围和程度存在明显差异。不过，同一次灾害风险事件在国家、社区及居民看来有着不同的含义、可能带来不同的范围与程度的影响，因而不同主体关于灾害风险事件的记忆是不同的。经验当进行灾害风险描述和治理的时候，国家的"宏大"视角、地方的"中观"视角和社区及居民的"微观"视角都是需要的，视角的多元化有助于我们更接近"事实"和描述"事实"。在社区与农户视角下，灾害风险认知同样有差异，单一的社区视角和单一的农户视角都不能完整呈现社区灾害风险

基本事实。毕竟不同视角下有着不同的治理目标：国家的灾害风险治理目标是损失的普遍性减少，社区和农民的灾害风险治理只能在普遍性治理的同时借助自我治理来减少对生计的冲击，将灾害风险控制在日常生活秩序范围之内。不同视角的融合有助于灾害风险治理目标的多元融合。

二　贫困村灾害风险的分布

在很多"风险社会"理论家看来，灾害风险不属于风险社会之中的风险类型，原因就在于灾害风险不具有全球性、损失与补偿无法计算性、超出事前预警和事后处理能力和时空界限无法确定等特征，这些特征都是在人类社会整体意义上进行论证的，那么，对于一个村落社区，灾害风险不也是损失和补偿无法计算、超出社区事前预警和事后处理能力及时空界限无法确定吗？在西方灾害社会科学研究范式中，灾害是一个具有时空特征的事件，灾害风险只有在一定的"时间—空间"情境中，才具有真正的影响力。在此，研究采用相关分析法，分析不同社区的地理、经济与灾害风险的关系，观察灾害风险在不同类型贫困村的社区分布。

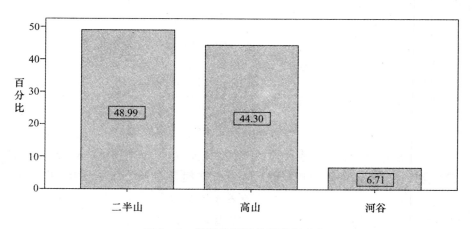

图2—1　调研贫困村地理特征分布

注：数据来源于避灾农业项目问卷调查。

1. 灾害风险的空间分布

　　灾害风险作为一种外在的风险类型，其存在主要受制于生态环境状况。不同的地理环境可能有着不同的灾害风险分布。从图 2—1 可以看出，武陵山区的贫困村大部分处于二半山和高山地貌区中，其次是河谷。在问卷测量中，村庄地理特征的选项为高山、二半山和河谷，变量类型为定类数量，为了分析贫困村社区地理特征与灾害风险发生次数之间的相关关系，特将数据进行转换为定距变量，分别用 1、2、3 代表河谷、二半山和高山三大地理特征。通过绘制散点图（见图 2—2）发现，二半山、高山灾害风险分布明显多于河谷，二半山和高山是灾害风险分布较为密集区域，其中二半山是调研区域武陵山区的主要地貌特征。武陵山区是喀斯特地貌，区域内崇山峻岭，山高谷深，石漠化现象严重，地表不存水，这就形成了二半山和高山有雨便成灾（水灾、冰雹、泥石流）、无雨也成灾（旱灾）的灾害特征。因此，旱灾、水灾是接替而来的，是前文所述武陵山区贫困村社区及农户认为旱灾与水灾是当地主要的灾害风险类型的根本原因。同样，社区地理特征和平均每年因灾损失的相关分析散点图告诉我们：二半山是因灾损失最严重的，其次是高山，最低的是河谷，地处二半山和高山贫困村是因灾损失比较严重的贫困村社区，是灾害风险分布较为密集的贫困社区。

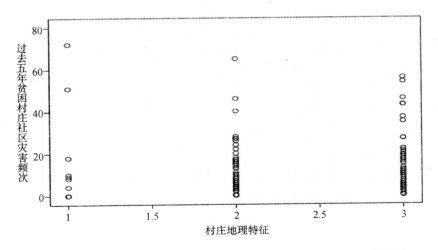

图 2—2　贫困村社区地理特征与灾害风险发生次数（五年内）的散点图
（1 代表河谷、2 代表二半山、3 代表高山）

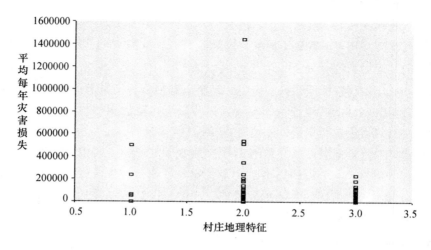

图 2—3   贫困村社区地理特征与平均每年因灾损失的散点图

（1 代表河谷、2 代表二半山、3 代表高山）

从表 2—5 发现，"过去五年贫困村社区灾害风险次数"、"平均每年灾害损失情况"与贫困村"村落国土面积"的相关分析结果显示："过去五年贫困村社区灾害风险次数"与贫困村"村落国土面积"之间在 0.05 水平上显著相关，皮尔森系数为 0.231，说明贫困村国土面积越大，灾害发生频次越多。"平均每年灾害损失情况"与贫困村"村落国土面积"之间在 0.01 水平上显著负相关，皮尔森系数为 -0.174，说明贫困村国土面积越大，每年灾害损失程度越低。灾害在空间的分布越分散，风险损失程度越低。因此，贫困村灾害风险分布不仅与社区地理特征密切相关，而且与地理空间面积密切相关。

2. 灾害风险的时间分布

从表 2—2 我们可以发现，在五年内，有 27 个贫困村没有发生过灾害，61.7% 的贫困村发生 5 次以上，平均每年一次，且相当多的贫困村发生的自然灾害类型不止一种，有 61 个贫困村连续发生三种以上的自然灾害，其中最为严重的贫困村（湘西杨村①）五年内发生了 72 次，平均每

_____

①　遵循学术惯例，本文对地名和人名进行了技术处理，特此说明。

年近 15 次。从整体来看，贫困村的灾害发生频次与程度都是不确定的，好年景一年无灾，坏年景一年多灾，不少灾害是小区域范围内的灾害。和其他区域不同，武陵山区贫困村的多种灾害是并存的，洪灾与旱灾可以同时存在。究其原因，可以发现这与武陵山区喀斯特地貌特征及石漠化现象所致的储水功能较弱有关。这从时间上呈现出多种灾害共同发生的情况，使得灾害的时间分布较为密集。前文"发生频率越高的灾害所造成的损失越严重"的结论说明灾害在时间上的分布越密集，其所造成损失的不确定性越高，损失的可能性越会增加，灾害风险越严重。

3. 灾害风险的社会经济分布

在社会科学视野中，灾害风险不仅需要从其自然属性分析，还要从社会、经济、政治、文化等视角的社会属性分析。因此，本研究将灾害风险损失、灾害风险发生次数分别与贫困村的国土面积、集体收入总量、收入结构、社会结构等方面进行相关分析。其中，灾害风险损失的指标是通过将"五年内四次严重灾害损失"加总后除以 5 计算得出五年内平均每年因灾损失，灾害风险次数为五年内各种灾害风险类型发生次数的加总，集体收入的计算方式为种植养殖收入、外出务工人数、旅游收入和集体经济收入的总量，收入结构主要分析非农收入在总收入中的比重，村庄社会结构主要从村组数量、姓氏数量和贫困发生率来考察。

相关分析结果显示（见表 2—5），"灾害风险发生次数"与"贫困村经济收入总量"是负相关关系，但不太显著，与"贫困发生率"、"非农收入比例"和"村民小组数"是正相关关系，也不太显著，与"总户数"、"村落国土面积"、"大姓户数"分别在 0.01 和 0.05 水平上显著正相关，系数分别为 0.231、0.274 和 0.195，说明国土面积越大、总户数越多和大姓户数越多，灾害发生频率越高。村落社区国土面积越大，其暴露在自然灾害面前的面积就越大，社区遭受灾害风险打击的可能性在增加。那么为什么"灾害风险次数"与"总户数"和"大姓户数"显著相关呢？我们知道，这两个指标可能与村落社区规模有关系，户数和大姓户数和村民小组数都与村落社区的大小有关系，客观上也与村落社区国土面积必然有关系。"村落国土面积"与"大姓户数"、"总户数"的相关分析结果均在 0.05 水平上显著相关，系数分别为 0.295 和 0.399，系数明显大于灾害风险次数指标与这两个指标的相关系数。

表 2—5　　灾害损失、灾害发生频率与各种变量相关分析结果

		过去五年贫困村社区灾害频次	每年灾害损失情况	贫困村经济收入总量	非农收入比例	贫困发生率	村落国土面积	村民小组数	大姓户数	总户数
过去五年贫困村社区灾害频次	Pearson Correlation	1	-0.029	-0.054	0.068	0.143	0.231 (＊＊)	0.072	0.274 (＊＊)	0.195 (＊)
	Sig. (2-tailed)	0	0.729	0.516	0.410	0.096	0.006	0.393	0.002	0.020
	N	149	149	149	149	137	139	142	128	142
每年灾害损失情况	Pearson Correlation	-0.029	1	-0.008	-0.089	0.030	-0.174 (＊)	0.344 (＊＊)	0.181 (＊)	0.105
	Sig. (2-tailed)	0.729	0	0.922	0.279	0.726	0.040	0.000	0.041	0.212
	N	149	149	149	149	137	139	142	128	142
贫困村经济收入总量	Pearson Correlation	-0.054	-0.008	1	0.097	-0.034	0.058	-0.123	-0.021	0.048
	Sig. (2-tailed)	0.516	0.922	0	0.241	0.697	0.498	0.145	0.817	0.569
	N	149	149	149	149	137	139	142	128	142
非农收入比例	Pearson Correlation	0.068	-0.089	0.097	1	-0.141	0.101	0.030	0.077	0.136
	Sig. (2-tailed)	0.410	0.279	0.241	0	0.101	0.235	0.724	0.387	0.106
	N	149	149	149	149	137	139	142	128	142
贫困发生率	Pearson Correlation	0.143	0.030	-0.034	-0.141	1	-0.052	-0.034	-0.266 (＊＊)	-0.434 (＊＊)
	Sig. (2-tailed)	0.096	0.726	0.697	0.101	0	0.562	0.693	0.003	0.000
	N	137	137	137	137	137	128	137	120	137

续表

		过去五年贫困村社区灾害频次	每年灾害损失情况	贫困村经济收入总量	非农收入比例	贫困发生率	村落国土面积	村民小组数	大姓户数	总户数
村落国土面积	Pearson Correlation	0.231 (＊＊)	－0.174 (＊)	0.058	0.101	－0.052	1	0.104	0.295 (＊＊)	0.399 (＊＊)
	Sig. (2－tailed)	0.006	0.040	0.498	0.235	0.562	0	0.237	0.001	0.000
	N	139	139	139	139	128	139	132	119	132
村民小组数	Pearson Correlation	0.072	0.344 (＊＊)	－0.123	0.030	－0.034	0.104	1	0.418 (＊＊)	0.453 (＊＊)
	Sig. (2－tailed)	0.393	0.000	0.145	0.724	0.693	0.237	0	0.000	0.000
	N	142	142	142	142	137	132	142	123	142
大姓户数	Pearson Correlation	0.274 (＊＊)	0.181 (＊)	－0.021	0.077	－0.266 (＊＊)	0.295 (＊＊)	0.418 (＊＊)	1	0.733 (＊＊)
	Sig. (2－tailed)	0.002	0.041	0.817	0.387	0.003	0.001	0.000	0	0.000
	N	128	128	128	128	120	119	123	128	123
总户数	Pearson Correlation	0.195 (＊)	0.105	0.048	0.136	－0.434 (＊＊)	0.399 (＊＊)	0.453 (＊＊)	0.733 (＊＊)	1
	Sig. (2－tailed)	0.020	0.212	0.569	0.106	0.000	0.000	0.000	0.000	0
	N	142	142	142	142	137	132	142	123	142

注：＊　Correlation is significant at the 0.05 level（2－tailed）.

　　＊＊Correlation is significant at the 0.01 level（2－tailed）.

通过"平均每年灾害损失情况"与其他指标相关分析结果说明（见表2—5），灾害风险损失的不确定性与贫困村社区经济收入总量、非农收入比例、村落国土面积大小都有一定的负相关关系，但相关系数偏低，说明不同经济条件、不同收入结构和不同国土面积的贫困村的灾害风险不确定性差异不太明显。灾害风险的损失不确定性与社区总户数、大姓户数、贫困发生率、村民小组户数是正相关关系，意味着社区总户数、大姓户数、贫困发生率、村民小组户数越多，灾害风险损失的可能性在增加。其中与村民小组数相关性较强，也就是说村庄内部小组数越多，社区居民社区分化越严重，灾害风险的不确定性越高。集体经济越发达的贫困村灾害风险的损失程度较低，收入结构中非农化的比例越大，损失越小，村庄社会结构越单一、组织化程度越高，灾害风险的不良影响越低。在社区层面，由于农业税的取消，农村社区集体经济发展无法从农业生产获取资源，当下贫困村集体经济发达程度完全取决于上级财政支持与非农业产业的发展，这就说明越是贫困的农村社区其生计维持方式越农业化，生产生活的易损性越高，其灾害风险分布越密集。

总体来看，灾害风险与贫困村社区在灾害面前的暴露面（国土面积）有关，暴露面越大，灾害风险越大，"社区经济收入总量"与"非农收入比例"是经济资本和脆弱性的核心指标，经济总量大、非农收入比例越高，贫困村社区经济发展水平越高，对农业经济的依赖性越弱和非农经济依赖性越强，脆弱性越弱，灾害风险损失的可能性越降低，灾害风险分布越不密集。同时，灾害风险分布同时与村民小组数、大姓户数和社区总户数关系密切，且是比较显著的正相关关系。村民小组数、大姓户数和社区总户数是考察贫困村社区分化和生活共同体的核心指标，村民小组数、大姓户数和总户数越多，社区分化越厉害，社区生活共同体越松散。可见，贫困村灾害风险分布与社会结构集中化程度有关，越集中灾害风险分布越分散，越分散灾害风险分布越密集。

第二节 贫困村灾害风险源分析

在众多灾害风险的社会科学研究流派中，危险源分析视角是一个较新的视角。在该视角的理论体系中，灾害风险是一个突发事件，更重要的是人类应对事件的脆弱性。"尽管我们要关注社会结果相关议题，但真正要关注的却是自然系统与社会系统相互作用的过程。"① 灾害风险的存在具有了社会性质，其不仅是灾害的结果，更是脆弱性的结果，即不仅仅是"天灾"也是"人祸"，我们认知灾害风险不仅仅要从结果出发，更要从灾害风险的社会因素出发。

一 灾害的频发性和不确定性

武陵山区为云贵高原的东延部分，是长江中下游平原丘陵向云贵高原的过渡地带，属武陵山的余脉，地形地貌较为复杂，山地、峡谷、丘陵、山间盆地及河谷平川相互交错。由于多方面的原因，武陵地区是集老、少、边、穷于一身的贫困山区。针对农户的关于致贫原因的调研结果显示，79.5%的农户认为是自然条件恶劣，55.9%的农户认为原因在于基础设施落后，有27.4%的农户把原因归结为生态环境遭到破坏。

1. 区域性灾害风险的不确定性

武陵山区是以武陵山脉为主线的地域，它是湖南、湖北、重庆及贵州相互接壤区域的统称。尽管分属于不同的省级行政区域，但有着"同乡同俗"的生产生活环境。各个省份的武陵山区基本都是当地的地理、政治和经济边缘区，少数民族人口为该地区总人口的70%，是一个典型的少数民族地区。武陵山区是一个自然条件差、生态脆弱、自然灾害频发的地理区域，其境内土壤多为肥效较低、保水性差的页岩。农业是该区域的主要产业，产业结构单一，在耕地类型中，水田少、旱地多，几乎一半的旱地分布在大于25度的山坡上。片区平均海拔高，气候恶劣，生态环境基础较差，旱涝灾害并存，泥石流、风灾、雨雪冰冻等灾害易发，部分地区水土流失、石漠化现象严重。风险源较为明确，旱灾、水灾、泥石流、风灾是该区域主要的灾害风险因子，具有普遍性、区域性、季节性和群发性特征。另外，武陵山区贫困村生产力发展水平较低，调研中发现，牛耕铁犁是常用的生产方式，足见生产力发展水平现状。与此生产方式相适应的是家庭联产承包责任制的土地使用形式和自给自足的传统农业经济的广

---

① R. W. Perry, terrorism as Disaster, in H. Rodriohuez, E. L. Quarantelli & R. R. Dynes (eds.), Handbook of Disaster Research, New York: Spring, 2005, p. 9.

泛存在，分散经营是主要的经营方式。在这种情况下，农村居民对生态系统有着很强的依赖性，生态因素的失衡很容易给当地居民的生产生活带来很大的不确定性，灾害风险的发生概率大大提高。

2. 社区生态环境更为复杂

区域性灾害风险与社区性的灾害风险并不是一一对应的关系，区域性的灾害风险和社区所处区域的灾害风险之间是一种整体性与多样性的关系，表现在灾害风险层面就是灾害风险源比较明确，但对不同社区造成的影响是不同的。根据调查显示，有相当比例的贫困村分布在地理边缘地区，处于二半山和高山地貌之上，距离乡镇的平均距离为9.31公里，最远的为55公里，距离县城平均距离为43.66公里，最远为200公里，较为偏远。一般情况下，偏远地区是人类生产生活的次要选择，生态环境较为脆弱。相比之下，贫困村一般处于生态环境更为脆弱、经济社会发展水平低下的区域中。从调查中显示，武陵山区贫困村基础设施落后，尤其与灾害风险应对的设施如水利设施等历史欠账较多。正是由于地形地貌复杂，山高坡陡，地势险峻，人口居住较为分散，人口密度低，使得基础设施基本覆盖困难重重，基本公共服务难以到位。现代工程技术系统的高成本特征，使得其在贫困村很难存在并得到较好的后续管理，导致其很难发挥灾害风险应对功能。

二 经济资本匮乏及其脆弱性

1. 区域经济发展比较薄弱

武陵山区经济发展基础薄弱，社会经济水平比较落后。2010年人均GDP为9163元，明显低于全国平均水平，城市化水平低于全国平均水平20%，经济产业发展较为落后，产业链条不完整，城乡居民收入偏低，城乡贫富分化加剧。据统计，武陵山区"2010年，农民人均纯收入3499元，仅相当于全国平均水平的59.1%"①。按照1196元贫困线标准，武陵山区贫困人口总量为301.8万人。片区内共有71个县，有42个国家级贫困县，13个省级贫困县，11303个贫困村，贫困发生率为11.21%，高于

---

① 国家扶贫办、国家发改委：《武陵山片区区域发展与扶贫攻坚规划》（2011—2020年），2011年10月。

全国贫困发生率 7.41%。人均 GDP 仅相当于全国水平的 40% 左右，农民年人均纯收入只占全国平均水平的 54%。以重庆黔江为例，黔江是武陵山区相对比较富裕的县区，2011 年城镇居民人均可支配收入 16007 元，为全国平均水平的 73.4%，农民人均纯收入 5452 元，占全国的 78.1%，这些指标和新疆吐鲁番地区鄯善县 2009 年相关数据基本持平。整个武陵山区基础设施历史欠账较多，尚有 40% 的行政村不通柏油路，超越 1/3 的行政村没有进行电网改造。公共服务水平低下，人均公共服务与保障支出仅相当于全国平均水平的 51%。农业生产专业技术人员严重缺乏，科技对经济增长的贡献率低。

2. 社区经济资本及其脆弱性

社区调查显示（见表 2—6），139 个贫困村没有集体性经济收入，占全部总数的 97% 以上，79.9% 的贫困村经济收入较低，且收入结构不合理，以农业为主，导致贫困村社区层面的经济较为脆弱。样本贫困村社区内部贫困户约占全部农户的 39.2%，贫困发生率为 25.9%，高于片区贫困发生率 2 倍以上。尽管社区经济以农业为主，但外出务工是社区居民收入的主要来源。这种劳务经济所带来的经济资本增加量多分布于家庭之中，在现有政策约束下，转换为集体经济资本的可能性在降低。伴随务工经济的发展，"藏富于民、穷在社区"格局日益明显，贫困村社区层面的脆弱性较为明显。

表 2—6　　　　　　　贫困村社区经济收入结构

	粮食作物总产值（万元）	经济作物总产值（万元）	养殖业总产值（万元）	外出务工年收入总量（万元）	旅游经济收入（万元）	集体性收入（万元）
有效值	99	103	109	133	27	10
缺失值	50	46	40	16	122	139
平均值	3596.920	2753.0994	236.00	5319.34	1114.07	987.38
最小值	1.5	0.30	2	2	0	-13
最大值	298500.0	93550.00	10000	425000	18000	20000

从农户调查数据显示（见表 2—7），外出务工、经营性收入是农户收入的重要来源，也是其现金支出的主要来源，现金收入非农化现象比较突出。在消费方面，吃穿用是农户最大的开支，总值超过了 6000 元，但同

时吃穿用是涉及农户最多的最大开支（中位数值最高），而有利于改善生计的种植养殖及教育等方面的投入明显不足，分别为 2709 元和 2350 元。这就说明在整个市场经济大潮中，农户已经成为市场环节中的末端，消费是家庭的基本活动和生活维持依赖。

表 2—7　　　　　　　　　　　调查样本农户收入统计

单位：元

	打工收入	政府补贴	其他收入	经营收入	资产变卖收入	养殖业收入	经济作物收入	粮食收入
有效值	550	557	411	447	420	522	477	534
缺失值	148	141	287	251	278	176	221	164
平均值	6644.08	715.89	1057.51	4295.88	504.71	1136.69	1068.77	2128.84
众数	0	0	0	0	0	0	0	0
最小值	0	0	0	0	0	0	0	0
最大值	80000	25000	30000	100000	35000	20000	30000	300000

另外，农户的家庭支出总是大于家庭现金收入，令人困惑的背后则是差额主要用于农业发展的投入，而农作物的产出大部分用于家庭日常生活生产之中，一个农户就是一个循环经济的代表。小麦、水稻被用于家庭消费，玉米等用于生猪养殖，成猪部分用于销售，部分用于家庭消费。这种"务工—农业—自我消费或销售"的资源流动链同样因为农业自身的脆弱性而显得较为脆弱。在这种情况下，未来时空中的"灾害"所造成的影响是不确定的，经济资本匮乏导致现实世界对未来时间中"灾害风险"的应对资源储备不足，加剧了贫困的脆弱性。日常生活消费的"社会化"增加了农户开支渠道，使得灾害风险所引发的生计困难程度加剧，导致贫困村社区及农户的易损性增加，应对灾害风险更加脆弱。而收入来源的多元化和非农业化客观上降低了灾害风险对生产生活的制约程度，摆脱了对易受灾害影响的农业生产的依赖。

三　社会资本不足及其来源传统性

在对灾害的社会科学研究中，社区是对灾害作出反应的最基本社会单位之一，但是不同的社区却有着不同的反应模式和水平。"如何使受灾社区和居民迅速从灾害的打击中恢复过来，重建正常的社会秩序和社会生活，一直是灾害社会学最为关注的研究主题之一。"① 在相同的条件下，社区灾后恢复能力的强化差异取决于其资源动员和整合能力的大小，其中一个重要方面就是社会资本水平的差异。社会资本概念的提出者——法国社会学家布迪厄认为："社会资本是现实或潜在的资源的集合体，这些资源与拥有或多或少制度化的共同熟识和认可的关系网络有关，换言之，与一个群体中的成员身份有关。"② 在灾害风险应对过程中，社会资本的价值不在于如何防范灾害风险，而在于灾害风险发生过程中的抵御能力和灾后恢复能力。

在中国农村社区类型中，由于贫困村是受现代化浪潮冲击程度最低的社区，贫困村社区可以说是乡土特征最浓的社会，熟人关系是贫困村社区成员最基本的关系类型。在中国传统社会中，血缘关系和姻亲关系是最为主要的关系，也是贫困村农户最为关键的社会关系网。在调查中，我们发现，调研区域贫困村"家庭本位"意识很强，血缘关系聚集程度高：以重庆黔江区元村为例，③ 每户在本村亲戚户数平均数为 17.6 户，同村居住的人存在千丝万缕的血缘或亲属关系。在对 102 户农户分析发现，在遇到困难需要求助时，亲戚和邻居排在前二位。根据农户调查问卷，"您在遇到困难的时候会想到向谁求助"一题的回答结果显示，在"家族"、"亲属"、"邻居"、"朋友"、"政府"及"其他"（请注明）选项（限选三项并进行排序）等求助对象序列中，亲戚是第一重要的首选求助对象（选择率为 52.1%），家族是第二重要的首选求助对象，邻居是第三重要的首选求助对象，由此可见，在贫困村血缘、地缘和业缘等几种关系类型中，血缘与地缘是最重要的且是重叠的。由于山区交通不便，农户的日常

---

① 赵延东：《社会资本与灾后恢复——一项自然灾害的社会学研究》，《社会学研究》2007年第 5 期。

② Pierre Bourdieu, "The Forms of Social Capital", In *Handbook of Theory and Research for the Sociology of Education*, p.248, （ed.） by John G. Richardson, Westport, CT.: Greenwood Press, 1986.

③ 案例来自华中师范大学社会学院于 2011 年 7—8 月所实施的《连片开发对少数民族社区的影响及其政策建议》课题（重庆）调研资料。

生活需要往往在小范围内实现，分布在很广地域范围里的人们的社会联系是很有限的。在贫困村中有着超过三分之一的贫困户，有超过整个武陵山区 2 倍以上的贫困发生率，让社会关系网内的资源显得尤为贫瘠，社会资本总体水平不高。

除此之外，社区内部农户组织化关系也是十分重要的社会资本。在 20 世纪 50 年代，乡村社会集体化和组织化一度构建了正式化的地域共同体，降低了单一农户面对风险冲击时的脆弱性。但后来由于单个农户经营逐渐取代了集体经济组织，使得建立在集体经济之上的制度安排瓦解，现代农业生产组织——农民合作组织尚未发育成熟。调查显示，149 个有效贫困村社区中，农业生产合作组织平均为 0.8 个，50% 的贫困村没有此类组织，28% 的贫困村只有 1 个，35 个农业生产合作组织参加人数的总数为 30，覆盖面比较狭窄。娱乐类合作组织平均 0.5 个，有将近 60% 的贫困村没有此类组织，约有 10% 的贫困村有 2—3 个娱乐组织，80% 的贫困村没有互助基金组织。在这种情况下，贫困村社区农户的原子化程度是比较高的。以劳务收入为主要家庭收入来源的生计方式让贫困村社区留守人员成为灾害风险的首要被冲击对象，老人和妇女是农业生产的主要群体，人力资本水平不高，从而导致贫困村社会资本的不足。这样的社会资本水平也存在着不能发挥作用的可能。在一般情况下，社区灾害风险事件破坏力越强、影响范围越广，对单一农户的社会关系网震动越激烈，同时由于网络空间的狭小，客观上降低了贫困村社区的社会资本水平，增加了灾后恢复的难度。

四 反贫困过程中的灾害风险视角缺失

1. 社区及农户自我反贫困

贫困农户的反贫困努力并不是完全由农户主观选择和安排的，而是受制于基础设施、生产技术、市场和政策及自身土地、劳动力和资本等资源要素。由于武陵山区贫困村基础设施落后，尤其是交通、水利和教育、科学技术、卫生等公共服务发展落后，市场、金融、技术、信息等反贫困保障体系不健全。在内外部环境诸多因素的影响和制约下，农户依赖农业进行反贫困努力只能发生在社区内部。提高土地等资源的利用效益是农户反贫困的选择之一，典型表现就是提高单位面积产量和多元生计模式。另一种选择便是扩大土地等资源占有量，以规模取胜。贫困村社区农户要生存，必然要与自然界进行能量交换活动。而且贫困村、集体与家庭所能利用的资源无非来自自然界。地表以下的资源除水之外都属于国家，社区地表资源成为社区生存与发展的关键。耕地、林地和牧场等成为成本较低、效果明显的选择。反贫困的主要动机是增加生计资源，对于农户来讲，烧荒开垦和砍伐树、打猎等是增强生计资本的来源，反过来却造成了社区环境恶化，增添了灾害风险的不确定性。"贫困脆弱性—反贫困无序化—灾害风险增加—贫困脆弱性增加"，这种封闭式的流动关系链在不少贫困村都存在着。

2. 国家扶贫开发项目

武陵山区土地、水、植物、矿产等资源丰富，素有"华中动植物基因库"之称，同时也是保障长江流域生态安全的重要地区。辖区内三百多万的贫困人口大多生活在生态环境恶劣、水土流失和荒摸化严重的地区，生存与生态的张力十分明显。在扶贫开发过程中，国家对贫困村的发展干预是一种发展援助，以产业化和市场化作为发展援助的主要思路，认为贫困是不公平的结果，是可以且有能力改变的，但必须依托于自身才能实现。在充分利用当地资源的基础上，实现产业的规模化和产业化是提高贫困农户生计的主要措施。在扶贫开发过程中，项目是实现反贫困目标的载体。在发展领域的项目，就是"在有限的时间内通过一个外来机构或者在其支持下推动社会变迁的干预活动"[①]。外来干预者着眼于贫困来治理贫困是常有的一种心态，他们主导下的改善生计的项目，往往带有他们的主观意图。项目的规划性、周期性、目标性和政绩性决定了扶贫开发工作过度地追求经济效益而忽视了生态环境的脆弱。

　　　金银花种多了，现在大家都没有注意到的问题就是水土流失，然而这又是一个大问题，国家目前还没有对金银花地的水土流失进行治理。种金银花的人也同样没有进行水土流失保护。在 2005 年之前的水土流失和现在的水土流失比一比明显增加了。在金银花的地面锄草很干净，然而又在山坡上，坡度在 20—80 度之间，在锄头锄草后，

---

① ［美］凯蒂·加德纳、大卫·刘易斯：《人类学、发展与后现代挑战》，中国人民大学出版社 2008 年版，第 6 页。

土松，金银花地面除了金银花，80%的没有杂草。草稀少，没有树、坡度高，雨量大，在这边都存在，是水土流失的重点。

2011年7月24日湖南湘西井村金云访谈笔录（连片开发项目）

而在国家层面，反贫困成效的评价指标主要是收入的增加，在当前几个扶贫开发模式中，能直接增加贫困人群收入的是劳动力转移培训（雨露计划）和产业开发（产业化扶贫）。产业扶贫是各地大量实施的主要形式，产业类型的选择依赖于社区已有自然资源情况。比如在湖南湘西井村，当地以金银花来作为产业扶贫的主要作物类型，该产业发展迅速，但没有把灾害风险因子纳入视野，却造成了生态环境更加脆弱，这种情况在调研区域贫困村较多地存在着。

第三节　贫困村灾害风险的影响

在灾害社会学研究范式中，"结构—功能"分析范式很注重对灾害风险的功能。在日常生活中，灾害是例外的、突破社会常规的存在，这种存在被认为是事件性存在，而非必然的。福瑞茨认为，"灾害是一个具有时间—空间特征的事件，对社会及其他分支造成威胁与实质损失，从而造成社会结构失序、社会成员基本生存支持系统的功能中断"[①]。这种论述更多地侧重于"既成事实"的功能分析，而对事前的事件不确定性分析明显不足，不过这种分析范式仍可被借鉴于灾害风险的影响分析之中。与灾害不同，灾害风险与社会结果之间的关系是联系的、持续的和动态的，并随着灾害风险的来临而更加复杂。

一　灾害风险对农户的影响

不同等级的灾害风险对农户的影响是不同的，且灾害风险所处的阶段

---

① C. E. Fritz, "Disaster", in R. K. Merton & R. A. Nisbet (eds.), *Contemporary Social Problems*, New York: Harcourt, 1961, p. 655.

影响也是不同的。在风险来临之前，更多地影响到农户的意识观念及其指导下的行动选择。在风险来临之际，更多的是损失降低和次级风险防范方面的行动选择。在风险事件结束后，更多的是消除其影响。遗憾的是，在贫困村，多次的灾害风险的影响是环环相扣的，特别是对意识观念的影响更为明显，很难在时间段上有清晰的判断，所以只能总体地论述。

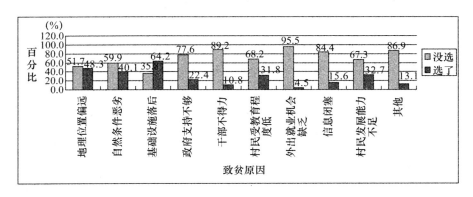

图 2—4　调研农户对当地致贫因素的认知

注：该数据来自《连片开发对少数民族社区的影响及政策建议》课题的问卷调查。

1. 灾害风险对农户文化观念的影响。在表 2—1 中，灾害风险是贫困村农户农业生产规模化和市场化的主要障碍，这种障碍可能并不是最为关键的，但在农户眼中是最为重要的，里面充满着对新生产方式的一种估计性怀疑。从图 2—4 可以看出，基础设施落后、地理位置偏远和自然条件恶劣是当地人眼中三大致贫因素。在农户关于贫穷的归因时，更多地强调地理位置与自然条件恶劣。一般意义上，"自然条件恶劣"就是意味着灾害风险较为密集，对生产生活影响比较大。另一方面，农户有着很强的灾害风险意识，从表 2—1 可以看出这一现实。"渴望稳定、平安是福"等生活期盼中本身就包含着对灾害风险的心理规避。

2. 对贫困村农户生计的影响。灾害风险与其他风险不同的是，它是自身的变异运动影响到人类社会的生存与发展，既取决于自然变异的性质和强度，又取决于人类社会的条件和变动情况。由于武陵山区贫困村经济社会发展落后，生产方式比较单一，较多地依赖于农业生产，有效缓解自然灾害的基础设施比较滞后，使得对农户生计的影响比较明显。根据对农户的调查发现，在最近五年内，农户的灾害风险事件发生次数平均为4.8次，平均每年一次，遭受灾害影响最多的农户为39次，平均每年是8次。在灾害类型中，其中旱灾、水灾、风灾最为多发，这种灾害风险的不确定性更多地表现为对农户生计系统的影响。调查显示，73.6%的农户生活质量下降，52.6%的农户生产投入困难，其次依次为子女教育受到影响和返贫及其他。

表2—8　　灾害发生频次与农户经济层次、现金支出相关分析结构

		五年内灾害发生次数	家庭经济状况	家庭现金支出总额
五年内灾害发生次数	皮尔森系数	1	−0.310**	0.076
	双边检验p值		0.000	0.271
	频次	293	291	214
家庭经济状况	皮尔森系数	−0.310**	1	0.120*
	双边检验p值	0.000		0.032
	频次	291	685	318
家庭现金支出总额	皮尔森系数	0.076	0.120*	1
	双边检验p值	0.271	0.032	
	频次	214	318	321

注：* Correlation is significant at the 0.05 level (2 - tailed).

　　** Correlation is significant at the 0.01 level (2 - tailed).

注：五年内灾害发生次数为所有灾害发生次数的加总，家庭现金支出总额为食物、衣物、交通、通信、生产、教育、医疗及其他类型支出加总，家庭经济状况测量分为特困户、贫困户、一般户、中上户、富裕户，分别赋予1—5分，然后进行相关分析。

　　根据"五年内灾害发生次数"变量与"家庭经济状况"、"家庭现金支出总额"相关分析发现（见表2—8），"五年内灾害发生次数"与"家庭现金支出总额"是较弱的正相关关系，说明灾害发生次数越多，家庭现金支出越多，同时"五年内灾害发生次数越多"与"家庭经济状况"两个变量之间是显著的负相关关系（0.05水平上），说明农户家庭层面灾害发生次数越多，其经济状况越差。这就说明灾害风险影响着农户的家庭

日常开支，调整着家庭生产生活资源的分配而最终影响农户的经济状况。同时，也说明家庭经济状况越差，灾害风险越密集。由此可见，灾害风险的分配与增长对不同的人影响程度是不同的。研究发现与贝克、斯科特等人关于灾害风险与不平等的关系研究结论是基本一致的。

灾害风险对农户生计的影响在于破坏了农民的生计系统的稳定，先前投入的部分或完全浪费和未来收益的减少客观上降低了农户的未来收入。先前的资源投入是为了有更好的收益，而投入浪费和灾后恢复程度这种破坏性影响更多的是未来收益的不确定性。为了应对灾害的次级风险，农户生产要素再分配同样是为了增强未来生计的确定性，却在本质上降低家庭资源在生活方面的投入，生活水平下降。

灾害风险对农户的影响在于对家庭固定财产的影响。农户财产性资源包括生活资源和生产资源，如住房、粮食等则属于生活性资源，牲畜等则属于生产性资源。灾害风险的强度越大，固定性财产损失越严重，农户返贫的可能性更大。由于农户农业生产的周期性，日常生活必需资源供应断裂的可能性是长期存在的，对日常生活维持则需要稳定和持续，自我补充生活性资源是必需的，而且是迫在眉睫的。生产性资源损失在很大程度上是可以寻找替代品甚至可以是靠后的，这样农业生产性投入不足，生计的可持续改善则是难上加难。

因此，灾害风险的不确定表现为："灾害—影响环境—影响资源—改变生态环境及生产要素分配—影响生计系统"和"灾害—人伤亡严重—增加开支、减少劳动力—导致生产受益减少和难度增加"两种递进的逻辑关系。在收入减少、开支增加和经济条件恶化的影响，无论是贫困户还是富裕户都会有生活危机的可能性。特别是贫困户更是如此，有可能进入一种"短缺"的经济状态之下，同时可能陷入一种恶性的循环之中。

二　灾害风险对贫困村社区结构的影响

在贫困村这样的短缺社会中，灾害风险与社会结构有着密切的关系。这种关系源自灾害风险首先作用于家庭，导致家庭危机的出现。从单个家庭到整个社区有着一定的传导机制，这个传导机制就是为了防范与应对灾害所带来的危机。笔者认为这种传导机制是通过灾害风险预言引发群体性的集体行动，但是由于农户受害的程度是不同的，进而影响着社会分化和共同体的形成。

在乡村社区中，社会结构一般主要为阶层结构、村组结构和家族结构三种类型，分别指向社区的社会分化程度、村组分化程度与家族分化程度。在本研究中，社会分化程度通过贫困户比例进行测量，村组分化程度通过村组平均户数和村组数进行测量，而家族分化则通过大姓户数进行测量。一般情况下，村庄社会结构越集束，说明单一农户的风险应对能力弱，需要通过集体提高应对能力，由此社区集体应对能力强；反之，单一农户的风险应对能力越强，村庄越呈现原子化，共同体趋于衰落。

表 2—9 　　　灾害风险发生次数与社区贫困发生率、村组平均户数和大姓户数相关分析结果

		过去五年贫困村社区灾害频次	村小组平均户数	贫困户比例	大姓户数所占比例
过去五年贫困村社区灾害频次	皮尔森相关系数	1	0.150	0.143	0.274 * *
	双边检验 p 值		0.074	0.096	0.002
	频次	149	142	137	128
村小组平均户数	皮尔森相关系数	0.150	1	− 0.437 * *	0.494 * *
	双边检验 p 值	0.074		0.000	0.000
	频次	142	142	137	123
贫困户比例	皮尔森相关系数	0.143	− 0.437 * *	1	− 0.266 * *
	双边检验 p 值	0.096	0.000		0.003
	频次	137	137	137	120
大姓户数所占比例	皮尔森相关系数	0.274 * *	0.494 * *	− 0.266 * *	1
	双边检验 p 值	0.002	0.000	0.003	
	频次	128	123	120	128

注：* * Correlation is significant at the 0.01 level (2 - tailed).

在本节将分别就灾害风险发生次数（五年内）与经济结构分化（贫困户比例）、村组结构（平均户数和村组数）和家族结构（大姓户数）进

行相关分析，结果显示（见表2—9），"灾害发生频次"与"大姓户数"两个变量在0.01水平下是显著相关的，说明贫困村灾害发生越多，社区内部大姓的户数越多，代表着家族成员聚集程度越高，村庄内部家族分化越不明显。同时村庄大姓户数与村小组平均户数显著正相关，而与贫困户比例是显著负相关，说明村庄大姓户数越多，村组平均户数越多，贫困户所占比例越低，甚至可以推导出：村庄内部血缘关系越紧密，村庄内部组别越少，农户间分化越不明显。灾害发生频次与贫困户所占比例、村组平均户数都是非常弱的正相关关系，之所以非常弱除了统计规律外，还有另一个因素就是灾害风险发生频次的考察时间仅为五年内，时序太短暂，而以上两个指标均为长期时间下形成的且有其他因素的作用，至少说明灾害发生频次越多，村庄村组数越低（村组户数越多）和农户内部分化越不严重。

　　由于山区地理环境的影响，武陵山区贫困村是较为分散的，农户多因血缘关系或姻亲关系而以庭院的形式居住在一起。在湖北省恩丰县陈村，2—5户有血缘关系或姻亲关系的农户居住在一起较为常见。这个村庄是非常的传统，村委会没有办公场所，有线电视和电话畅通情况较差，大多农户散居在方圆三十多平方公里的山里。尽管散居但彼此的关系通过血缘关系、亲属关系仍旧得以维持。这种散村集居格局与黄宗智在《华北的小农经济与社会变迁》中的研究发现几乎是一致的，都是为了规避灾害风险和便于耕作。①

　　其实，灾害风险首先影响的是农户的生产与生活，进而通过农户生计状况影响。灾害风险发生频次越多，各种损失的时空分布越密集，单一农户应对灾害风险的能力越弱，越需要通过各种形式的共同体发挥集体灾害风险治理的功能，这样村庄社区内的血缘关系、地缘关系共同体被有效利用。尽管，社区富裕户的应对能力较强，但在分布较为密集的灾害风险面前，其生计状况则不断下滑，社区内部阶层分化程度越低，由此灾害风险通过引发生计障碍，影响到村庄内部经济分化，而应对行为影响着村组分化和社区家族结构分化。因此，在灾害风险影响下，贫困村社区结构是呈凝聚状态的，村庄的阶层秩序、村组秩序和家族秩序都受到了灾害风险的

---

① 具体可见黄宗智《华北的小农经济与社会变迁》，中华书局1986年版，第62页。

影响。由此可见，灾害风险已经深深嵌入社区秩序之中。

三 灾害风险对贫困村可持续发展的影响

道格拉斯和维尔达沃斯基认为，"社会结构的变迁来自于三种风险文化所酿成的结果：倾向于把社会政治风险视为最大风险的等级制度主义文化，倾向于把经济风险视为最大风险的市场个人主义文化，倾向于把自然风险视为最大风险的社会群落之边缘文化"①。在贫困村社区中，灾害风险被认为是最大的风险（前文数据已经证明），由此而形成的"边缘文化"可以视作贫困村社区结构变迁的结果。

1. 对生产革新缺乏动力。在社区层面，大量的贫困村没有集体经济，村级自治组织涣散，社区精英不愿意加入组织，社区的行动能力减弱，农户对村集体的抱怨增加，对村庄发展前景比较悲观。社区集体可利用的资源不足，村两委开展各项活动及相应的工资性开支基本上完全依赖于政府，贫困村社区行政化趋势十分明显，更多成为政府行为体系的末端，而不是农户的资源的整合者和利用者，这和城市社区行政化的趋势是一致的，都与政府干预过多，社区自治组织自身及居民参与不足等因素有关（向德平，2006）。在149个贫困村中，在问及"村里采取了哪些措施"来避灾减灾时，64%的社区没有进行农作物调整，80%的社区没有进行改土改田，60%的社区没有加强田间管理，77%和91%的社区没有采取"咨询技术人员"、"参加农业保险"等举措。

湘西井村龙云，从2009年起开始种植金银花，到了调研时因为旱灾，金银花旱死达60%，他说：

> 都考虑了，我种了几年的西瓜，全部死光了，没水。又搞了蔬菜、辣椒啊。种蔬菜还是水的问题。以后我再也不搞了，穷折腾啊，我都快30了，还没有搞得起房子。
>
> 2011年7月24日湖南湘西井村龙云访谈笔录（连片开发项目）

---

① 刘岩：《风险社会理论探索》，中国社会科学出版社2008年版，第86页。

也许，类似于龙云这样的不相信命运的年轻人是对生产革新、技术进步等充满期待的，但是在频发的灾害面前和灾害所带来的不确定面前，他们更多地选择了"不折腾"。相对于老人、儿童和妇女来讲，他们是社区内部的精英群体，他们代表着社区的发展方向，他们对生产革新失去信心，对贫困村的可持续发展是非常不利的。

对于贫困村来讲，有些降低灾害风险的努力确实超出了能力范围，但"田间管理"、"改土改田"、"咨询技术人员"等举措社区还是有着一定的实施可能性。但由于贫困村政治、文化、经济及社会资本水平低，而丧失了努力的现实支持来源。

2. 贫困村社区内部的阶层分化。有学者认为，我国农民分化形态有经营分化、收入分化、阶层分化、地区分化和地位分化（姚万禄，2003）。在贫困村内部，由于不同农户对待灾害风险的态度不同，有着追求利润型的农户、风险规避型的农户和劳苦规避型的农户三种类型区分（弗兰克·艾利思，2006）。三种类型的农户对待灾害风险的态度和行动选择是不同的，灾害风险对其影响程度也不同，这样会加剧贫困村内部的分化。从图2—5可以看出，富裕户越来越富，且积极采取各种措施应对灾害风险，而贫困户与一般富裕户对灾害风险应对是非常消极的。这样，富裕户逐渐转变为社区精英，主宰着社区的经济社会发展。但由于贫困村基础设施与公共服务设施的投入不足和农村社区治理体制的制约，社区精英不愿意投身于社区公共利益发展之中，造成贫富差距之下的社区秩序紧张。

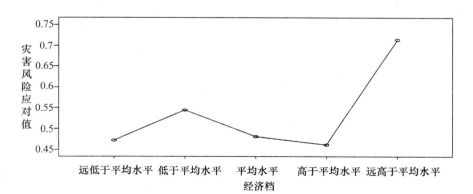

图2—5　不同经济类型农户的灾害风险应对均值

这种阶层分化的结局，导致在灾害风险应对方面很难达成一致。在调研中不少贫困户反映现在村庄内部"没有人情味，什么东西都讲钱"，这样人际关系的货币化加上生计类型的多元化、收入水平的多元化，会加剧人际关系紧张，正如马克思指出的："一座房子不管怎样小，在周围的房屋都是这样小的时候，它是满足社会对住房的一切要求的。但是，一旦在这座小房子近旁耸立起一座宫殿，这座小房子就会缩成茅舍模样了。并且，不管小房子的规模怎样随着文明的进步而扩大起来，只要近旁的宫殿以同样的或更大的程度扩大起来，那座较小房子的居住者就会在那四壁之内越发觉得不舒适，越发不满意，越发感受到压抑。"① 由此心态而导致不同阶层农户间关系的疏离加剧社区内部的社会分化，会导致社区整体灾害风险应对资源整合和能力提升更加困难。

另外，从图2—5可以看出，贫困村社区成员中除了特别富裕的农户外，其他类型的农户对灾害风险应对意识、能力水平都较低。在城镇化背景下，富裕起来的农户潜在地成为了农村人口城镇转移的群体，贫困村基础设施、公共服务等水平低下，富裕户在社区内部无法找到收入提高所带来的生活质量提高的现实感觉，这样无论从主观上还是客观上，社区经济精英都会逐渐脱离贫困村社区，这一现实情况在费孝通、张之毅在云南三村的研究中有所印证。两人在《云南三村》一书中写到有十户左右迁入城市从事手工业，其他受灾户并无发展。② "先富带动后富"的可能性在降低，这样一来贫困村的可持续发展只能采取外援式发展路径。

总之，作为一个以贫困为主要特征的农村社区，贫困村与其他农村社区的不同之处就是社会经济发展滞后，所处的地理位置、基础设施建设、公共服务供给、经济条件等在整个农村社区体系中都处于弱势地位，贫困村居民中有较大部分为贫困人群，这一群体是弱体群体的主要构成。贫困村，弱势群体主要聚集的社区，基本上是一个短缺的微型地域社会。生产力发展落后与外界支持系统的缺乏，使得灾害风险与其他风险一起让社区居民的生计处于未知的情境之中。旱灾、水灾、病虫害、冰雹和风灾是武陵山区贫困村所面临的主要灾害风险类型，各种类型灾害风险短期叠加及

① 《马克思恩格斯选集》（第1卷），人民出版社1995年版，第349页。
② 费孝通、张之毅：《云南三村》，社会科学文献出版社2006年版，第461—462页。

密集分布。灾害风险不仅仅在于灾害本身，更在于应对灾害的能力。统计分析发现，灾害风险与社区集体经济、收入结构、社会结构都存在着密切的关系，后者诸多因素都与贫困的脆弱性程度有关，贫困村社区是一个传统风险社会的类型之一。

第三章

贫困村灾害风险规避

在传统社会（前工业社会），灾害风险是人类社会的主要风险，人类在不断地应对各种灾害风险，积累了大量的经验。到了现代，"科学化"、"去魅化"和"组织化"地应对灾害风险成为一种趋势。现代科学技术体系日益发展和社会的科层化，使得灾害风险被纳入科学技术和组织化框架下，认为灾害风险是可规避、转移和控制的，以项目形式进行灾害风险管理被称为现代社会应对灾害风险的基本思路，从而构建起包含识别、评估、监测、预警、应急于一体的全过程综合管理流程及相应的技术体系，期求国家、市场与社会都被有效纳入到这一体系之中。然而，相对追求精确的经济学，依然对灾害风险缺乏明确的应对思路。相比之下，"应对"似乎没有"管理"那么精确和科学，但灾害风险应对却有着更多宽泛的内容涵盖。一般情况下，灾害风险应对有着规避、转移（分担）、应急（降低）和适应等措施。从本章开始，将着重针对这些方面展开研究。

第一节　日常生活视野下的贫困村
灾害风险规避实践

在风险社会学家贝克看来，"人类历史上各个时期的各种社会形态从一定意义上说都是一种风险社会，因为所有有着主体意识的生命都能够意识到死亡的危险"①。风险一直与人类共存，变化的只是风险的类型，人类在"本体性安全意识"引导下，构建了一系列制度、组织和文化来将灾害风险置于一种可规避的状态之下。美国学者罗维认为，初民社会的婚姻、禁忌、图腾、会社和法律等都与人类面对各种灾害风险的反应有关（罗维，2006），都被纳入地域社会的日常生活之中。日常生活是个体行动的空间，是个体的生存与发展，更是个体生活意义的来源，因此，"日常生活对于人来说是实在，而且是最高的实在"②。在现代社会学理论视野中，日常生活是由客观的物质和主观的价值意义所构成的，是我们理解灾害风险是如何嵌入到社会结构之中的微观视角。在日常生活中，灾害风险时时处处伴随着贫困村农户的生产与生活，贫困村社区对灾害风险规避有着客观的组织形式、经济生产方式及理解灾害风险的意义系统，实现了灾害风险规避的日常生活化。

一　灾害风险规避的贫困村社区共同体

在现代主义者眼中，贫困村是"落后"和"保守"的，是受现代化影响偏弱的传统社会，是应该予以生计援助和发展干预的对象。无可否认的是，由于受到外界影响的程度偏低，贫困村仍是较为传统的村落社区。我们在调研中发现，武陵山区很多贫困村的住房多为传统的全木结构，生活节奏较为缓慢，生产方式比较传统，血缘关系人群聚集程度较高。"传统社会＝社区（共同体）"，这是德国著名社会学家滕尼斯的核心观点，他认为，"一切亲密的、秘密的、单纯的共同生活，（我们这样认为）被理解为是在共同体里的生活"③。由此可见，贫困村是休戚与共、同甘共苦的地域社会共同体，是人类社会的最小模型。

1. 贫困村社区共同体的历史演化与现状

贫困村是我国基层社会单元，是整个乡村社区的一种类型。长久以

① 贝克：《从工业社会到风险社会》（上篇），王武龙译，《马克思主义与现实》2003年第3期。

② 李霞：《日常生活世界的主体性意义结构》，《齐鲁学刊》2011年第4期。

③ ［德］斐迪南·滕尼斯：《共同体与社会》，林荣远译，北京大学出版社2010年版，第6页。

来，我国乡村社区共同体是依托家族、宗族等组织自我管理，在社区共同利益为基础，通过乡规民约将有着血缘关系和地缘关系的人群团结为一个有机共同体。社区共同体的"失范"行为的处理以财产继承、婚姻缔结、家庭组建都以习俗、礼教或者伦理纲常为主要依据。社区共同体有着将社区成员凝结在一起维持良好持续的责任，任何可能对社会团结不利的因素都在"责任无限放大"的道义追求中被有效控制，它的功能被无限拓展至任何领域，承载了自我管理、互助救济、教育文化、风险共担等诸多功能，它几乎是万能的。

新中国成立后，国家借助土地改造、互助合作运动、初级社等农业生产的组织化和集体化运动，乡村经济的集体化逐渐升级至人民公社。随着集体经济组织职能的不断延伸，以农业生产的组织化和集体化，乡村社区共同体被不断重构。然而以集体经济组织为核心的社区组织通过控制生产、分配、交换和消费将农户连接在一起，成为一个更大范围内的共同体。乡村社区公共事务急剧增加，乡村社区共同体成为计划生产、公共福利、公共服务、基础设施等内容的责任主体。改革开放后，家庭联产承包责任制的实施，让农户重新成为基本的生产经营单位，统分结合的双层经营体制在生产经营家庭化的推动下，集体经济逐渐瓦解，乡村社区共同体衰退。而后推行村民自治、新农村建设、社区建设等都在努力增强乡村社区的凝聚力。由于缺乏共同利益和传统文化的维系，农户很难再被组织起来。村级党组织和村级自治组织作为农村公共治理的主要力量又是外生的，缺乏公信力，其决定也不具有权威性。同时因为缺乏集体经济的支撑，在基础设施、公共服务等方面相当乏力使其难以完成构建社区共同体的重任。

在调研中发现（见表3—1），武陵山区的贫困村大多为少数民族贫困村，单一民族的贫困村较多，土家族和苗族是这一区域的主要民族。调查显示，样本贫困村土地面积平均为12.2平方公里，村民小组均值为7.8个，总户数均值为404户，平均每平方公里有0.64个村民组和32个农户，人口分布较为分散。笔者发现，在恩施石村，最远的两个村民组距离是十几公里。统计显示，组际公路（含未硬化）平均为25.1公里，村民小组数平均为7.8个，平均每个村民小组有农户52户，村民小组际公路平均3.2公里。多数（85.8%）贫困村有4个以内的大姓，每个大姓平均为 269 户，多数大姓为 60 户。对农户关于有无家族祭祀活动的调查数据显示，有 47% 的农户说其所在的家族有祭祀活动。通过农户问卷调查现实，47% 的农户认为他所在社区有祈求风调雨顺的活动，7.5% 左右的组织者为家族长辈，77.8% 的组织者是村干部。可见，家族是武陵山区贫困村社区的重要组织形式。这样，家族与村民组叠加在一起，说明村民组内部多为家族成员。可见小组内部和家族内部聚集程度较高，农户之间的关系较为亲密，村民小组（自然村）是较为传统的社区共同体。

表3—1　　样本贫困村土地面积、村民小组、户数及姓氏结构情况

	村落国土面积（平方公里）	村民小组数（个）	总户数	小组中心户（户）	大姓（个）	大姓户数（户）
有效值	139	142	142	92	134	128
缺失值	10	7	7	57	15	21
均值	12.2521	7.82	404.68	55.92	7.61	269.04
众数	5.00	7	161	7	2	60
最小值	0.02	2	88	0	1	2
最大值	54.00	25	1472	103	541	980

2. 灾害风险规避组织的微型化

在第二章中，灾害风险与贫困村社区结构是相关的，社区结构是呈凝聚状态的。为了更好地应对各种灾害风险，提高自我的抗风险能力，传统社会更多地以家族组织形式来修建水利设施、管理自然资源和公共资源来规避风险。另外，通过灾害发生次数与灾害损失与社区合作社个数相关分析发现，它们之间均有一定的正相关关系。尽管农民合作社有着灾害风险规避的功能，但在大量贫困村由于经济发展水平的制约，灾害风险规避的现代组织形式并没有成型。在我国贫困村更多的是以行政村来划分的，有不少村民组是以自然村的形式存在。由于山区特有的自然环境，分散居住形式，使贫困村村组之间的社会交往的速度和范围极为有限，农户间的合作和心理归属感仍在村民小组范围内，贫困村社区的整体功能发挥不充分。不过，在国家的社区治理组织体系中，村民小组是一个最基层的、松

散的组织环节，且村民小组是以地缘边界来划分的，基本上和血缘关系相吻合的，它是村民的一个行动单位。贺雪峰（2010）通过对川西农村研究发现，村民组负责着抽水放水、清掏小沟和调解灌溉纠纷等生产性事务。[①] 这些事务恰恰是灾害风险规避、降低与应急的重要举措，村民组是灾害风险应对的主要组织形式。

村民组是贫困村社区最微观的社区组织，它成为农户的日常生活共同体特别是灾害风险应对的共同体，不仅是现实需要，而且是乡村社区结构离散所致。在贫困村社区普遍缺乏现代契约性组织的前提下，乡村社区自治组织由于缺乏经济基础权威不足、作用有效，在整合农户资源方面心有余而力不足。上级政府意志在社区自治组织领导选举、相关费用来源和职能发挥方面的影响力越来越强，其行政化趋势越来越明显。由于没有有效的组织形式和协作机制，村级自治组织将农户联合起来进行灾害风险规避是十分不易的。依靠传统的血缘关系和地缘关系，村民小组范围内的农户自我动员和整合是农户所能控制，由此灾害风险规避组织的微型化现实需要赋予了村民小组的灾害风险规避功能。

二 灾害风险规避的"穷人的经济学"

在发展产业方面，他们不太积极，在没有看到效益之前，很难行动。越是穷的地方搞产业越难，思想越保守，环境原生态，大脑也是原生态。

2010 年 12 月 3 日湖北恩丰政协官员 LZR 访谈笔录（1）

（避灾农业项目）

越贫困的人可能越保守，越不敢轻易改变种植养殖内容，做起来是相当难的。我以前在乡镇工作，有一年计划在几个村发展 3000 亩茶叶，行政上采取包村包户，都是把干部派下去反复做群众的思想工作，给他们算经济账，告诉他们投入是多少，产出是多少，效益有多少，我们只有依赖这样反复说教引导。农民的风险意识很强，他们不

---

① 贺雪峰：《乡村社会关键词》，山东人民出版社 2010 年版，第 197—199 页。

敢轻易地去冒险尝新。

2010 年 12 月 3 日湖北恩丰十方镇长 YT 访谈笔录（1）

（避灾农业项目）

以上两段访谈内容来自《避灾农业对少数民族社区的影响及其政策建议》项目调研期间对当地政府官员的访谈，其中的"保守"甚至"原生态的大脑"的说法，我们似乎看到了"穷人的经济学"首创者舒尔茨在 1979 年领受诺贝尔经济学奖时讲演中所说的："他们认为低贱的庄稼人对于经济刺激是麻木的，因为据说农民都是死抱着他们传统的耕作方式不放"①的现实情况。不管如何，贫困村农户固守传统种植养殖类型现象的大规模存在必然有它的合理性，毕竟传承下的"传统"是与其灾害风险相适应的结果，是最避灾的农业类型。

　　问："比如说，我今年种这样一种作物，它今年受到灾、明年种还是要受灾，有没有考虑到既然种这一种作物容易受灾我们能不能种一种不容易受灾的作物呢？"

　　答："考虑过，就是改粮换种，就是今年这个地我种这块地，明年改种土豆、红薯，就是这个方法。"

　　问："就是种土豆红薯啊？"

　　答："还有玉米。"

　　问："就是种这三种？"

2011 年 11 月 29 日贵州思南岩村村民 DYG 访谈笔录

（避灾农业项目）

这段对话来自调研人员与贵州思南岩村一位村民的访谈。从中可以发现，在农户看来所谓的产业结构调整就是多种传统作物类型的调整，并不改变传统农作物种植格局。在很多地方，农户都是以农作物种植的多样化来呈现的，多样化策略是农民规避灾害风险一个有效的措施。调研中发

---

　　① 西奥多·W. 舒尔茨（Theodore W. Schultz）：《穷人的经济学》，林华清译，《世界科学译刊》1980 年第 7 期。

现，山区贫困村和平原地带的贫困村都是以间种、套种等方式进行多样化种植，但是山区贫困村很多作物是混种在一起。在湘西井村，当地以金银花为产业扶贫项目，种植面积很大，当我们在田间地头查看时，发现农民并没有改变原有的作物格局，而是在传统作物间"点状"种植金银花的，使得作物更加多元化。

农民的灾害意识很强，灾害风险所致的安全意识使得农民对农业的态度是"爱与怕"的，农业是农民的安身基础也是灾害风险之所在，多样化策略和"坚守传统"的策略是规避灾害风险的最好策略，虽不能提高效益但至少可以安身立命。"安全第一"是农户应对灾害风险的根本动机。农户为了减少灾害风险，稳定生计水平，对新生产技术和新市场机会的反应相当缓慢。尤其在新生产技术应用方面，农户的态度相当谨慎，多数农户更愿意采用风险低但收益也低的技术和品种。"富裕的人民对于贫穷人民的表现总是感到难以理解。经济学家也不例外，因为他们对于贫穷人民是在怎样地轻重缓急及匮乏的限制条件下进行种种抉择的，也感到难以体会。"而在现实中，贫穷人民对他们自己生计的关切以及对他们的子孙后代命运的责任感绝不亚于其他人群。

从表3—2中的数据，我们似乎可以发现，农户在改善生计方面倾向于选择受灾害风险影响相对较小的生计类型如打工和养殖。虽然外出务工也有风险，虽然农民工处于利益分配的末端，但是农民工遭遇的风险是次级风险，相对不太脆弱，而且企业、经济精英是风险的直接接触者和应对者，风险应对基本上是制度化和体系化的。而在农村灾害风险应对基本上是个体化、分散化的，所以外出务工很大程度上提高了农民的风险应对能力，这就使得以安全为第一位的农民倾向于务工。

表3—2　　　　　　　　　调查样本农户的家庭生计类型　　　　　　　单位:%

生计类型	频次	百分比	有效百分比	累计百分比
纯粮食作物种植	164	23.5	30.4	30.4
种粮兼营种养殖业	156	22.3	28.9	59.4
种粮兼营小买卖	12	1.7	2.2	61.6
打工为主兼种地	172	24.6	31.9	93.5

续表

生计类型	频次	百分比	有效百分比	累计百分比
经营副业	10	1.4	1.9	95.4
其他	25	3.5	4.7	100.0

三　灾害风险规避的地方性知识

"各民族中都蕴含着规避灾害的地方性知识和技能技术"①。具体到武陵山区，该地区无论从自然地理条件还是经济社会文化特征方面来讲，都表现出强烈的内部多元性，但武陵山区即使是同一个村，不同的地点，生产的要求也是不同的。围绕着生产，武陵山区少数民族形成了丰富的地方性知识。

1. 技术型知识。武陵山区农户在农业生产过程中，主要是通过改种、补种和套种等多样化的种植方法来规避灾害风险的。另外还有一些预测灾害风险和规避灾害风险的知识技术。调查显示，25.7%的农户认为本地没有一些规避灾害风险的生产经验，其中有76%的农户采用了这些经验。比如在土豆的种植方面，传统技术知识有转火留种、带芽栽种、年前种植、垒行栽培、追施芽肥、二次培土等。再比如在玉米的种植方面：

> 玉米种的时候把种子放在肥球里面，肥球就是用农家肥和土和在一起，在肥球上搞个洞，把玉米种子放进去，种子在里面，再盖上土，盖上薄膜，等发芽了，要等到长三张叶子才能转栽到地里面，栽的时候就上化肥和复合肥。
>
> 2010 年 12 月 5 日重庆阳县坝乡天苍村村民访谈笔录
> （避灾农业项目）

这种传统与现代相结合的方式，可以有效规避旱灾和寒冷。另外还表现在水利设施修建方面。由于武陵山区不少农户居住在二半山或高山之

---

①　王培华：《自然灾害成因的多重性与人类家园的安全性——以中国生态环境史为中心的思考》，《学术研究》2008 年第 12 期。

上，农业生产基础设施受成本高、修建难等众多因素的制约，农业基础设施薄弱，农业应对灾害能力严重不足。武陵山区农户积极兴修山塘水库，特别注意修建山沟、蓄水池等"微型水利"，开沟引水灌溉，利用雨水灌田，提高了农户及社区的避灾抗灾能力。费孝通在《江村经济》中认为："农田安排、灌溉与排水、翻土与平地、插秧与除草等农活中所用的知识，是通过农民的实践经验的长期积累一代一代传授下来的。这是一种经验性知识，使人们能够控制自然力量，以达到人们的目的。"①

我们发现在武陵山区这个大的地理区域内，农民充分发挥了自身的劳动经验和生产智慧，为避灾农业的发展提供了最直接、最实用的支持，形成了一系列地方性知识如基本的生态观、伦理观、价值取向等。然而，现实的局面是，随着少数民族地区农业生产方式的几次变迁（如人民公社时期、包产到户），地方性技术知识面临着严峻的传承危机，甚至有很多已经失效或者消亡。由于武陵山区整个农业变迁的历史过程往往是剧烈的，武陵山区长久积淀的农业生产模式，在以粮为纲等政策性指令性农业发展方式下，传统的农业生产知识在迅速地消失，地方性技术面临着传承危机及其现代转换问题。

2. 文化型知识。社区性组织是村落社会的重要组成部分，在调查中发现（见图3—1）大部分贫困村没有大规模群体性避灾活动，仅有个别人对某个神的信仰而举行一些仪式性活动。在少数民族贫困村社区，仍存在着一些祈求风调雨顺的仪式活动，活动的组织者多为村干部，绝大多数村民会参与其中。

　　　　就我刚才讲的苗寨这个地方就有这个"草把龙"，这个"草把龙"就是过去这个田地里驱虫、驱灾的一种东西，就是用稻草扎成的，这个表演就是在全省第七届民族文化博览上的，还有这个"牛虎斗"，还有一个我们黄金洞那边的"端公舞"，就是去病灾的，比如哪一家常年不太好，有病啊庄稼也不好啊之类的，就通过这个"端公舞"来驱邪避凶，这是土家族特有的。

　　　　　　　　　　　　2010年12月3日湖北恩丰WJZ访谈录（避灾农业项目）

---

①　费孝通：《江村经济》，商务印书馆2001年版，第148页。

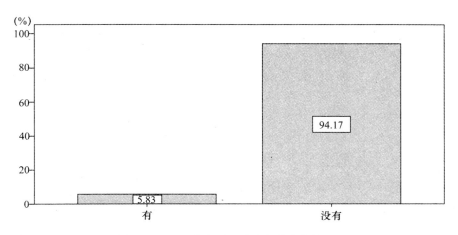

图 3—1 调研农户层面避灾仪式存在情况

由于我们调研区域大多为苗族和土家族聚集区，苗族和土家族人群中存在着对灾害风险的敬畏，在日常生活中，无论是婚丧还是日常行为方式，贫困村都有着很多的禁忌和宗教性文化。比如在当地苗族认为人的生命在孕育、诞生、生长、发育、成熟、衰老到最后死亡过程中，随时随地都有可能遭遇各种灾害风险的袭击，关于婚育的宗教仪式与禁忌在当地人眼中是应对灾害风险不确定的手段。"最后出门的是新娘子，跨出自家大门的这一刻是至关重要的，新娘必须拿左脚先跨出大门，用左手握那把伴伞，一直到男方家去，途中不得换手。这把伴伞既能遮风避雨，又能消灾除恶。"[1] 而土家族相信世上万物都由神灵主宰，因而崇拜众多的神灵，在农业方面以崇拜土地神为主，过年和二月二要以猪蹄、杀鸡献酒等方式献祭土地神，向其表示敬畏求其佑护和降福。另外，土家族的宗族村社制在自然资源使用、水源保护等方面也发挥了很大作用（瞿州连，2005）。

宗教性的仪式、巫术与禁忌在一定范围内能消除面对灾害风险的不安、焦虑等不良情绪，增强贫困人群生活和应对灾害风险的信心。"为什么在灾害风险密集分布的区域宗教及宗教性的仪式和禁忌越多？"这一问

---

[1] 麻勇恒：《嵌入苗族婚育文化中的宗教仪式与禁忌》，《贵阳学院学报》（社会科学版）2008 年第 3 期。

题可以从此获得一种阐释和解答。灾害风险是个巨大的威胁，不少地方所存在的"靠天吃饭"说法就是承认了人的力量有限，有组织抑或无组织的宗教性仪式以巫术来唤起超自然的干预，"他们的科学知识和装备仍然不足以控制许多自然灾害，对巫术的需要依然保留不变"①。不过，与生活禁忌不同的是这些宗教性仪式、巫术等活动存在的形式有些许变化，非科学的信仰与行动仅仅存在于性命、财产攸关且无助的时空中。

第二节　国家灾害风险规避政策的贫困村实践

灾害风险对贫困村社区的影响主要表现为生活与生产方面，生活方面主要表现为生计困难及其引发的心理与行为异化，生产方面主要表现为各种生产资料如土地、牲畜等损失导致种植养殖产出减少甚至消失。灾害风险对生活方面的影响相对是间接的，人类社会的应对只能是事后的干预，而生产方面的影响是可以通过各种措施来规避风险的。"技术是一套控制与操纵环境的知识（包括自然知识与社会知识）体系，其创新是农业生产革新的主要动力来源。"② 技术创新对农业生产效率提高的前提在于提高了对自然环境不确定性的控制与操纵，从而实现了农业生产灾害风险规避能力的提升。在现代技术理性指导下，灾害风险的规避是集政策、科技、工程、农艺等综合性措施于一体的庞大的系统工程，仅靠某一个部门某一单项措施是远远不够的，政策的执行依赖于一套广泛参与、协调运作、组织有力的减灾、防灾与救灾体系，并形成了技术研发与推广系统、避灾管理系统、气象预测与灾害预警系统等及相关的政策支持体系和社会支持体系。

---

① 费孝通：《江村经济》，商务印书馆 2001 年版，第 150 页。

② J. H. 特纳（Jonathan H. Turner）：《社会宏观动力学：探求人类组织的理论》，林聚任、葛忠明译，北京大学出版社 2006 年版，第 20 页。

一　国家灾害风险规避政策供给及支持系统概述

国家政策层面上的灾害风险治理主要是关注国内影响范围大、灾害程度较深的农业灾害如干旱、水涝、虫灾等，其采取的手段主要是通过对灾害隐患进行工程性修建来实现灾害风险的综合性治理，并通过政权来建构起一套完备的灾荒体制。相关的政策体系是围绕着这些手段与目标来组织的，这一体系是借助于强大的"技术—组织"体系得以有效运行的。

1. 贫困村可持续发展政策供给情况

迄今为止，我国建立了全面有效的灾害应急政策体系和环境保护政策体系，但灾害风险规避政策仍未体系化，相关政策分布在气象、水利、农业、环境保护和扶贫开发等政策内容之中。灾害风险规避是一个系统工程，贫困村基础设施、公共产品供给、公共服务保障和产业发展等都与灾害风险规避有着密切的关系。这些方面的政策供给主要分为普遍性的"三农"政策和特殊性的扶贫开发政策。

"农民真苦、农村真穷和农业真危险"是我国农民、农业、农村问题的真实写照，被视为严重的经济问题和政治问题。党和政府高度关注"三农"问题，连续八年以"中央一号"文件的形式推动"三农"问题的解决。特别是"十一五"以来在城乡统筹发展战略指引下和社会主义新农村建设推动下，逐渐形成以工代农、以城带乡的政策定位，全面取消农业税、农业补贴政策、免费义务教育、社会保障、基础设施和农民工权益保护等政策的设施，贫困村基础设施建设、公共服务体系建设和组织能力建设逐步展开，提升了贫困村社会经济发展整体水平。

贫困村是我国扶贫开发的主战场之一，在扶贫开发政策体系中有着十分重要的地位。经过长期的探索与实践，我国初步构建了政府部门、企业、党政组织、地域协助、国际和农户参与其中的多元化减贫主体格局，围绕着产业扶贫、科技扶贫、文化扶贫、教育扶贫、社会保障制度、以工代赈和劳动力转移（雨露计划）等具体内容制定了独具特色的扶贫开发政策，形成了区域发展模式、整村推进模式、连片开发模式、定点帮扶制度模式等政策集合模式，强化贫困村农村基础设施建设、社会化服务体系建设，以增加贫困农民收入为核心，实现贫困村经济、社会、文化全面发展。

2. 国家灾害风险规避体系供给情况

2002 年退耕还林已全面启动，随后国家启动了小流域治理工程，旨在通过对灾害风险如泥石流、沙漠化等多发区的生态环境综合治理，通过退耕还林、生态移民搬迁、水利设施及减灾防灾设施修建、发展生态经济等手段积极开展环境综合治理来提高灾害风险综合治理能力。同时，我国各级政府制定了完善的灾害风险规避法律体系、规章制度与应急预案，灾害风险的监测网络、减灾防灾等基础设施建设不断推进，灾害风险的预报与监测能力不断提高。在构建宏观的政策的同时，积极鼓励各地社区对灾害风险管理进行探索，社区减灾防灾能力不断提升。在现代化背景下，国家是典型的现代组织形式，国家对各种问题的治理都是一种综合性和现代性的。在国家灾害风险规避政策体系设计时，强调建立强大的"技术—设施"体系来完成灾害风险的设计。由于缺乏对微观社区和农户灾害风险行为的认识，现代的技术—组织体系如现代气象预测、水利工程技术、各种灾害技术，专家学者、政府与市场的各种技术经济系统被充分设计进去，而社区和农民则是被调动的对象。在国家突发事件法、防汛条例、防震救灾法、地质灾害防治条例等法规中，社区的角色与功能方面的界定几乎是空白的。2007 年《国家综合减灾"十一五"规划》明确要求采取措施提升社区减灾能力，并提出了具体要求。随后，"全国综合减灾示范社区"创建活动在全国展开，来推动全国城乡社区减灾能力建设。贫困村社区的灾害风险的特殊性没有得到足够重视，其灾害风险规避的技术与服务需求被掩埋于全国普遍意义上的农村需求之中。在各个层次的国家政策体系中，"贫困村"仍被忽视。

3. 国家灾害风险规避的"技术—组织"体系发育现状

灾害风险规避的"技术—组织"体系是由环境保护系统、气象预测及灾害预警系统、技术研发及推广系统、灾害应急系统、灾害鉴定与救济系统及保险系统等系统来构成的。经过长期的发展，国家应对灾害风险各种系统发育比较成熟，形成了自上而下的环境保护系统、灾害风险预测与预警系统、相关技术支持系统并建立了国家主导下全社会共同应对的灾害应急系统，并依靠财政补贴、民政救济和社会保险等初步形成了"事后"补偿体系。

在国家层面，以技术创新来发展现代农业来规避各种灾害风险，先进的病虫害综合防治体系、较为发达的灌溉技术、高产种养技术和较为先进的节水农业来实现灾害风险规避的目的。在灾害预测与预警系统中，各级政府部门运用先进的技术与手段，对农业气象和农业灾害进行及时、科学、准确的预报，以便农民根据相关的预报信息合理安排生产和防治各种自然灾害，避免和防范自然风险，并联合民政、水利、农业、林业、畜牧、气象、统计等政府部门分工合作，共同进行防灾，较好地降低了灾害风险的不确定性。在避灾农业发展方面，依靠成熟的农业技术科研及推广系统，进行施肥、育种、栽培等各类技术的推广与培训，进行产业结构调整、涉农基础设施建设来避免自然灾害风险的。

在县级层面，这一现代"技术—组织"系统由于缺乏相应的支持系统而显得非常微弱。以重庆酉县为例，该县 2010 年 1 月至 4 月旱情日益加重，随后 5 月至 7 月连续出现低温寡照、风雹雷电及暴雨天气，以旱灾风险为例，其规避措施主要有：

> （1）确保人畜用水。为了缓减重旱乡镇人畜饮水困难，我办（灾害应急办）积极协调防汛办、消防大队等部门向受旱严重的乡镇送水，解决临时用水困难，并与当地政府积极寻找水源，以便从根本上解决困难。
>
> （2）抢抓生产用水。全县采取有力措施组织抗旱保春耕，派出工作组深入抗旱第一线指导抗旱，加强塘、库、堰的管理，合理调配水资源。
>
> （3）抓好春耕弥补。积极推广旱育秧、肥球育苗技术，各受灾乡镇积极为群众联系购买种子，在一些旱地提前补种玉米等农作物。
>
> （4）及时把旱灾情况上报市政府，争取市里救灾资金的支持。
>
> ——《酉县应急管理办公室关于应对自然灾害以减贫和扶贫的有关资料》（2010 年 11 月 30 日）

解决饮水问题、指导抗旱、管理水利设施及水资源、推广避灾农业及争取上级资金支持是该县规避旱灾风险的主要措施。如果将这些措施视为基层政府所构建的灾害风险规避政策体系的话，这一体系与中央层面全面、先进和系统的政策体系相比较为简单。在访谈中，该县某乡镇负责人说乡镇一级所采取的措施更少，主要动员抗旱和补种作物。由于技术人员缺乏、农村基层农技服务体系不完善、村级信息网络缺乏导致预警服务滞后，基层政府自然风险规避能力较差，并呈现出逐级衰退的特点。

二 贫困村灾害风险规避设施与技术服务体系建设情况

1. 贫困村灾害风险规避的基础设施

根据对武陵山区贫困村社区问卷调查显示，149个贫困村平均拥有公路3条，12公里，其中主线公路1.57条，通车里程6.7公里，组间公路平均为3条，7.46公里，尚有5.26条、17.63公里的公路没有硬化，平均还有4个村民组170户未通公路。在饮水设施修建方面，149个贫困村中有86个没有安全饮水设施，在63个有安全饮水设施的贫困村饮水安全达标平均为142户，达标率为35%。118个贫困村平均有饮水特困户177户，682人，占社区平均总人口1601人的42.6%。在水利基础设施修建方面，118个贫困村没有水库，100个贫困村没有水塘，拥有水库、水塘的贫困村平均个数分别为1.02个和7.1个。149个样本贫困村距离河流的直线距离平均为2.74公里。照明普及率为82%，说明电力设施比较完善。电视入户率为38.39%，固定电话拥有率为28.1%，移动电话拥有量户均0.91个。从这些数据可以看出，贫困村道路、安全饮水、水利灌溉、通信工具等基础设施较为落后，制约着灾害风险规避能力的提升，是贫困村发展的最大制约因素。

2. 贫困村灾害风险规避的社会组织建设

在调研的149个贫困村，村级党组织和自治组织比较健全，基本上实现了全覆盖。但村级党组织和自治组织的办公条件却非常简陋，有39个贫困村没有办公场所，比如湖北陈村村委会办公就在村委会主任家里，有办公场所的贫困村平均办公面积130.47平方米。另外一个问题十分严重，由于村级组织没有征求税款的权利，村两委干部的工资待遇基本上来自乡镇政府，平均工资约为1100元。待遇远低于外出务工，但工作十分烦琐，导致很多贫困村年轻力壮的村民不愿意当村干部，村干部队伍十分不稳定。在陈村村两委只有一个，2010年配备的妇女干部等其他干部都外出务工了，导致工作无法开展。而被寄予厚望的现代社会组织如农民合作组织在贫困村发育不足，上文第二章第二节第三个方面的内容已经描述此种状况。

3. 贫困村灾害风险规避的公共服务体系

在公共卫生服务方面，有43.6%的贫困村没有卫生室和医务人员，84个有卫生室的贫困村平均医务人员1.2个，最多为6个。60个贫困村没有小学，样本贫困村平均教师拥有量为7人，幼儿教育发展更为落后，只有3个贫困村有幼儿园。只有一个贫困村有文化活动室和图书室，15个贫困村有垃圾处理场。整村推进工作进程缓慢，有45%的贫困村未进行整村推进，34.4%的整村推进是在2008年、2009年和2010年完成的。由于办公场所和人员的缺乏，贫困村技术服务体系基本是空白，依赖于乡镇农技站、种子站来提供，但乡镇技术服务站早已瘫痪或不复存在。

三　国家灾害风险规避体系的贫困村"短板"效应

尽管贫困村社区减灾体系建设仍有很长的路要走，但部分贫困村社区在产业扶贫推动下，灾害风险规避能力提高极为迅速。调研中发现，在湖北恩施坊村，当地有关部门根据区域气候与灾害风险类型，在该贫困村实施了葡萄种植立式栽种（规避病虫害）、套袋（预防病虫灾害及旱灾）和避雨栽培等技术革新，在葡萄种植过程中最大限度避免了自然灾害的侵袭。这一目标的实现在于借助连片开发扶贫模式试点，集中扶贫、发改、交通、水利、农业、林业、教育、卫生、文化等部门资源投入葡萄等产业发展及相应的基础设施建设之中，效果十分明显。不过在大部分武陵山区贫困村，这种超常规的农业生产发展灾害风险规避技术服务体系并不普遍。

1. 国家灾害风险规避体系的贫困村"短板"效应表现

改革开放以来，在国家推动下以"技术—组织"为载体的现代灾害风险规避技术不断下移，重构着农民的灾害风险应对策略。根据连片开发项目调研结果，64.6%的农户认为有办法防范灾害风险，56.4%的农户认为没有办法防范灾害风险，44.2%的农户认为不知道有没有办法防范灾害风险。防范是灾害风险规避的积极措施，具体办法包括农作物调整、改土改田、田间管理、参加农业保险和咨询技术人员。根据避灾农业项目调查显示，在社区层面，64%的社区没有进行农作物调整，80%没有进行改土改田，60%的社区没有加强田间管理，77%和91%的社区没有采取"咨询技术人员"、"参加农业保险"等举措。上一节农户灾害风险规避的现代策略运用现状告诉我们，"加强田间管理"是农户生产方面较为普遍的规避风险措施。从表3—4可以看出，改土改田、咨询技术人员、参加农业保险及作物结构调整的灾害风险规避效果都不是很好。无论是社区层面还是农户层面，贫困村对农业生产过程中的避灾知识与技术应用都不是很积极，原因在于农民认为效果不好、不划算且收入增加不高。在农户层面，调查显示，总体上有48.8%的农户采取各种方式规避灾害风险，其中33.1%的农户进行了农作物结构调整，18.9%进行了改土改田，72%的农户加强了田间管理，13.2%的农户咨询技术人员，仅有4%的农户参加了农业保险。在问及"在上一次灾害发生之前，您家里采取了什么样的行动？"时，回答结果显示仅有2.4%的农户咨询专家，18.8%的农户进行抢收抢种，13.3%的农户改造了灌溉设施，有31.4%的农户加强了田间管理。由此可见，加强田间管理是农户生产方面较为普遍的规避风险措施，其次为农作物结构调整。

2. 农户对现代灾害风险规避策略效果的评价

从表3—3可以发现，多数农户认为其所采取的规避灾害风险的措施是一般化的，只有少部分样本户认为效果是很好的或很差的，而对家庭收入的影响并不是很明显，没有变化和减少了的比例较大，所以41.6%的农户认为所采取的措施是不合算的。

表3—3   农户对规避措施效果的自我评价

取得的效果评价	很好（17.5%）	一般（63.6%）	很差（18.9%）
对家庭收入的影响	增加了（38.6%）	没变化（43.7%）	减少了（17.7%）
措施是否合算	合算（58.4%）	不合算（41.6%）	

从各种规避措施的效果来看（具体见表3—4），效果较好的为加强田间管理，其余的措施都与效果呈负相关关系，尤其是调整作物类型、其他和咨询技术人员均在不同水平下显著相关。在此，至少可以说明的是贫困村面临诸多的灾害风险不愿意采取任何措施主要原因不在于自身的"消极和懒惰"，而是成本与收益对比分析之后的理性选择。农户或农民不是

愚昧的代名词，更不是保守的代名词，而是各种外在因素使得农户追求利益和规避风险的行为"不合算"，这和费孝通所说的关于农民是否选用现代技术工具的看法是一致的，"对工具的选择完全是从经济和效率原则出发的。例如，需要紧急灌溉时就用水泵，但作为平时的灌溉，花费太大时就不用它"①。

表 3—4　　　　　　　灾害风险规避措施与效果相关分析结果

规避措施		调整作物种类	改土改田	加强田间管理	咨询技术人员	参加农业保险	其他
取得效果	皮尔森系数	− 0. 321＊＊	− 0. 094	0. 016	− 0. 121＊	− 0. 033	0. 160＊＊
	双边检验	0. 000	0. 114	0. 789	0. 042	0. 586	0. 008
	频次	283	283	288	284	283	275

注：　＊ Correlation is significant at the 0. 05 level (2 – tailed).

　　　＊＊ Correlation is significant at the 0. 01 level (2 – tailed).

3. 贫困村"短板效应"存在的原因分析

其实，农村农技推广与服务"最后一公里"、灾情信息预警的"最后一公里"等问题得到了中央的高度重视。"最后一公里"已成为制约涉农服务进村入户、进场到田的最后一道"瓶颈"。农技推广、农信服务、农水灌溉、动植物防疫同样存在的"最后一公里"同样制约着现代"技术—组织"体系的灾害风险规避效果。在贫困村尤其是山区贫困村，不仅仅是"最后一公里"问题。由于居住较为分散、交通不便和公共服务供给不足，现代"技术—组织"体系进入贫困村社区内部的难度更大。调查显示，样本贫困村社区距离乡镇的平均距离为9公里，仅有四分之一的样本村距离乡镇在3公里之内，单程花费时间90分钟左右，往返平均为3个小时。贫困村的"最后一公里"问题更加突出，由于灾害风险分布密集对技术与服务的需求更为强烈。

第一，组织机构与村落及农户之间没有很好对接。国家灾害风险避灾的"技术—组织"系统并没有实现与村落社区及农户之间实现有效对接，

———————

① 费孝通：《江村经济》，商务印书馆 2001 年版，第 148 页。

较多地存在于县级以上城市之中，各个子系统的完善程度与城镇级别大小呈逐渐衰落现象，乡镇的"技术—组织"系统完善程度低于县城，而县城则低于地级市，乡村几乎没有自己的现代"技术—组织"系统，使得该系统在日常状态下无法满足农户的需要。如灾害预警，在国家层面能力提升很快，准确度不断提高。从整体上看，武陵山区总体自然环境较为良好，森林绿化率比较高，大范围的重大灾害风险频次较低，但我们调查发现，贫困村可持续发展依然受到灾害风险的制约，这些灾害风险有时候是农户性、社区性或小流域范围内的。我们知道山区气候有着多样性特征，"十里不同天"格局使得国家级风险预警很难实现也不太现实，而地方性灾害预测只能是区域范围内，且精确度明显不高。同时，农户与政府有着不同的灾害风险等级定义，在农户看来，一场正常的雨水都可能便山坡上的作物受灾减产，对于整个家庭的生计都会带来不同程度的影响，而在政府看来则是无关紧要。假如说县级政府发布了灾害预警，但农户认为灾害毕竟是不确定的，是一种可能性。在农户看来，为了可能性频繁投入（可能没有发生），这种投入成本是很大的且未必管用。因此农户的日常应对措施大多为简单易行、成本较低的"田间管理"。况且由于通信条件差，农户所能收看的电视较多的为中央台和地方卫视，而无法收到真正与自己非常贴近的县地级电视台所发布的信息，使得风险预警的效果大打折扣。

第二，组织结构总体资源不足，薄弱环节突出。整个贫困村灾害规避设施基础与技术基础十分薄弱，农户对这些信息的获取还是存在很大困难，灾害风险信息的可及性还有待提升。在贫困地区，避灾农业科研与推广面临着系统本身资源不足和政策导向的双重压力。乡镇水利站、种子站、广播站等各种机构规模与能力衰退较为明显，乡村技术人员知识老化、年龄老化都比较严重，后续培训机会没有，无法适应贫困村灾害规避的需求。贫困村所在的县域经济基础薄弱，财政困难，往往入不敷出，属于依靠转移支付的"吃饭财政"，在基础设施、技术支持和人员配备等方面力不从心，使得避灾设施与技术发展较为滞后。

第三，贫困村基础设施建设水平十分落后。以水利建设为例，湘西井村的水库修建于"文革"时期，恩施石村的沟渠修建于 20 世纪 80 年代。数据统计显示，44% 的贫困村没有水库，27.4% 的贫困村没有水塘或堰渠，32.1%的贫困村只有一个水库，73.5%的贫困村的水塘不足2个，且年久失修，损坏严重，农户取水的平均距离为2.74公里。在湘西板村，全村138户，该村分散居住在不同的地方，其中四组距离最远。该村曾经有个水库，修于1958年，当时能灌溉1000亩，现在只能灌溉100亩。另外村中的水渠是1972年修建的，在2010年对其中一部分进行了维修。该村主要的灾害类型是干旱，水渠和水库基本上位于一、二、三组，四组由于处在偏下的位置，无法饮水灌溉。基础设施的落后是一种隐性的灾害风险。

第四，基于社区的社会支持体系尚未建立。基于社区的社会支持体系则是依赖于社区文化的建设和增强农村熟人社会中的交往。在调查中，笔者发现，在武陵山区农村中，村民大会的参与率低，村民自治的实现存在较大阻碍，公共基础设施如道路的维护等事务无人问津等现象。除去客观因素居住分散不便管理的影响之外，在这种村民思想多元化，村庄凝聚力普遍薄弱的情况下，村落社区缺乏有效地将农民组织在一起的平台与基础。怎么参与？谁来参与？是组织化的还是个体化的？在组织类型中，村民自治组织、村民经济组织、村民文化组织等组织类型中，似乎都有从事灾害风险规避的可能性但都有着不明不白的感觉。农民分享各种政策性资源的方式更像是分蛋糕，而不是借助外力，发挥内力并形成合力来提高自身和村组的风险规避能力。

第四章

贫困村灾害风险转移

"风险转移是指风险承担主体将自身可能遭遇的损失或不确定性后果转嫁给他人的风险处理方式。"① 因此，在贫困村，灾害风险转移是指农户将自身可能遭遇的灾害损失或不确定后果转嫁给其他主体的一种风险应对方式。它往往通过正式制度抑或非正式制度的形式来约定农户与他人之间的关系，既表现为农户对彼此之间的互助期望，又表现为农户对保险企业的利益诉求。在灾害风险应对体系中，农业保险被认为是应对风险的正式制度体系，它是以分担的形式将灾害风险予以转移，社区内部的灾害风险转移则是事先约定好的互助机制，其载体是熟人社会共同体。在责任与道义的要求下，国家在生产生活过程中分担贫困村的部分灾害风险。

第一节　贫困村灾害风险转移的非正式制度

贝克认为，"风险社会标志着一个在日常感知和思考中的推测时代的黎明"②。在风险社会中，其核心价值体系、个体行动目的与社会变迁目标都变成了每一个人都免受和规避风险。由于现代技术与知识支持系统尚未在贫困村得以完善，灾害风险在一定程度上脱离了贫困村及农户的预知范围。对于"天灾"，贫困村在尽力规避的同时，也通过家庭、婚姻等非

---

① 谢科范等：《企业风险管理》，武汉理工大学出版社 2004 年版，第 54 页。
② ［德］乌尔里希·贝克：《风险社会》，何博闻译，译林出版社 2004 年版，第 88 页。

正式的制度形式实现相互转移。在传统短缺村落社会中生存，农户相互转移风险的能力是必要的。在熟人社会中，个体拥有的灾害风险转移能力不仅意味着经济资本和社会资本的多寡，更透露出他人对其道德水平的评价，对于社区秩序的维持有着重要的意义。

一　贫困村农户灾害风险转移实践

长久以来，农民总是被看做是从土地获得"成果"的"小农"，后来小农的概念一直被加以各种修饰语，如理性化小农等。在传统的贫困村村落社会中，家庭是基本的经济单位，家庭与家庭之间借助某种关系连接在一起，从而形成一定的共同体。调研发现村落共同体是一个万能型的共同体，发挥着劳动交换、生产合作、互助互救等众多功能，"是依赖于彼此的相似性、共同情感意志连接而成的社区共同体"①。同一个共同体内部面临着相似的灾害风险，需要共同应对才能得以生存与延续。"在灾害中，或其较大的从属单位（如社区、地区）遭受有形的损失和破坏，其正常功能被打乱。这些事件的起因和后果都与社会或其从属单位的社会结构和社会过程有关。"② 前面关于灾害风险对贫困村社区结构影响的研究也证实了这一点。在生产力明显不太发达的贫困村，农户直接面对着密集分布的灾害风险，求助于血缘关系和地缘关系的社区互助网络就成为最便利的渠道。

1. 灾害风险转移的血缘化

问：你觉得以后你家受灾会越来越多还是越来越少？

答：这谁知道啊，不好说，就看老天爷啦。

问：那你一旦受灾了怎么办？

答：小的无所谓，大的就比较麻烦，这么多年不都挺过来了嘛，

① 胡鸿保、姜振华：《从"社区"的语词历程看一个社会学概念内涵的演化》，《学术论坛》2002 年第 5 期。

② G. A. Kreps, "Sociological Inquiry and Disaster Research", Published in *Annual Review of Sociology*, Vol. 10, 1984. 转引自黄育馥《社会学与灾害研究》，《国外社会科学》1996 年第 6 期。

怕什么呢，亲戚朋友啊，不会不管我们的。真的天要灭人，也没办法，你说是吧。

2010 年 12 月 3 日湖北恩丰石村村民访谈笔录（避灾农业项目）

从访谈对象的回答中，我们可以窥见贫困村农民对灾害风险是无法预知的，尽管灾害风险在相对封闭的社区时空中分布较为密集，但农户仍旧恪守着传统的作物类型和种植方式，对传统作物与技术比较依赖。"小灾能忍，大灾无能为力"，除了采取各种规避措施外，农户只有将灾害风险导致的"灾难"转移出去才能保持生活的延续。面对周期性的旱灾、水灾及由此引发的不确定性，贫困村农户的反应超出笔者的意料，多年的灾害风险生活经历，农户对灾害不再恐惧。"亲戚朋友不会不管我们的"就道出了一旦灾害风险事件来临且超出了自己的单一农户应对能力，农户就会依赖于社会关系网将风险损失转移出去。

我上学成绩很好，在初三那年，我们家受灾了，家里人就不让我上了，我也不想上了，没钱了怎么上。还有一个事，对我影响很大，我准备买车拉货赚钱，那一年内涝，我叔家房子塌了，不能看着他们没有房子住啊，我就把买车的钱送过去，结果现在还没有还。要不是这个事，我生活比这好。……我在村里名声还可以，别家有事我都去，帮帮忙，我受灾了，别人也会帮我的。

2010 年 7 月 29 日陕南骆村村民 TBG 访谈笔录（田野调查项目）

能否有效转移出去不仅取决于单一农户自身社会关系网的宽窄，更取决于网络内其他农户对该农户日常生活的综合评估。"别人"与"自己"之间相互提供物质与道义支持的频次与深度制约着风险损失能否转移出去及所占份额。其实，在家庭内部，家庭成员之间相互分担也是一种有效形式。在贫困村，家庭不仅仅指单一农户，而且包括了叔伯、兄弟姐妹之类在内的家庭联合体。上述访谈对象"因灾辍学"和因灾放弃改善生活的努力，自己成为了家庭及亲戚灾害损失的转移对象。可见农户在应对风险时有着自己的排列顺序，在时间序列上，"眼前"优先，这是一种将灾害风险转移至未来的策略，以此来降低当时的生活压力。在生产与生活方面，"生活优先"。在教育、医疗等开支与生产生活方面"生产生活优先"。由此我们发现，农户出于理性选择所做出的风险转移策略是理性的且有效的，但以牺牲未来发展的机会成本为代价的，是一种高成本低效率的策略行为。由于贫困村农户资源的有限性及关系网范围，对于严重地域性的灾害风险这些策略往往会失灵。另外，灾害风险转移的社会关系网络化，导致血缘关系或地缘关系联合体功能的多元性、重叠性，每个成员的未来发展都深深地受农业生产过程中"不确定性"的影响，灾害风险在结构上深深嵌入复杂的血缘关系网络之中。

2. 灾害风险转移的地缘化

在陕南骆村，一位因承包工程而成为该村首富的农民说：

> 当时我挣了一些钱，主要是承包建筑工程。前年我孩子结婚，我本来打算简单办一下算了，结果原来关系不是很近的亲戚、邻居，还有一些同村的人都来送份钱（红包）。我家楼房结实，地震中没有受到影响。很多人修房子没有钱，来找我借，你说大家都很熟，我能不借吗？
>
> 2010 年 8 月 1 日陕南骆村村民 ZLS 访谈笔录（田野调查项目）

在正式的灾害风险转移机制未能有效建立的贫困村社区，农户所面临灾害风险往往通过非正式的安排得到部分转移。社区内部的相互补偿、分享资源和成员互助都是应对灾害风险的主要措施。社区灾害风险彼此的相互转移成为农户安身立命的重要形式，互助与救济使得社区农户之间成为灾害风险相互转移的潜在对象。过去经验取向和集体取向的灾害风险转移方式农户间彼此是心照不宣的且并没针对某一灾害风险，而是针对未来时期的"灾难"。主动结交较为富裕的农户是相对贫困农户的转移风险的手段。由此可见，尽管亲戚朋友的关系网络在表面上看来是外生既定的，但其背后也隐藏着人们的主动选择。不过这种有目的转移是有代价的，"欠下人情债"以后要还的，但不一定是等价交换。劳动力、感情等对方所可能需要的都可能是转移成功的代价，多样化的转移支付形式保证了其灵活性和可行性。

这种非正式的转移分担机制的存在往往是多重目的或者多重功能的，

亦即，个人、家庭和非正式网络的应对行为和保险效应并非特异单独针对疾病或者其他健康相关事件，往往还覆盖了灾害、非自然性减产、仪式（婚丧嫁娶等）、教育等等。以亲缘、邻里、宗族为基础的互助网络内的灾害风险转移（比如礼物、借债、照料等）、劳动互助组织内部的风险转移（比如协助受灾害困扰家庭进行生产）等都是其表现形式。贫困村社区长期存在的这种通过血缘、地缘关系而形成的非正式灾难转移分担制度，在功能上也具有了灾害风险分担功能，一旦遭遇灾害，他们往往会根据损失程度通过非正式分担制度化解生计风险。这种灾害风险转移的非正式制度是有效的，借助于自我维系的社会网络，是一种承担着维持社会秩序、配置社会资源和保护社区成员利益功能的规则体系。由此，密集的灾害风险并没有激发出发展进取的心理，反而形成了安土重迁和血缘关系及地缘关系依赖的群体心理。一旦灾害风险超出了地域社会共同体的承受范围，将会出现通过外出乞讨、务工等方式将不确定性转移到外部去。

二　农户间灾害风险转移的约束机制

在调查中我们发现，调研区域贫困村"家庭本位"意识很强，地缘关系、血缘关系聚集程度高且相互重叠，在不少贫困村社区内部，同村居住的人存在千丝万缕的血缘或亲属关系，地域的远近与否是血缘关系聚集程度的一种反映。福柯认为，权利是一种关系，在特定的空间内发生作用。在这样血缘关系与地缘关系高度重叠的地域社会之中，熟人关系本身包含着个体评价与之有关系的他人的权利，并有义务通过劝说甚至是呵斥等手段，完成你我他之间相互制约和监督。在熟人社会中，关系本身和契约式约定、道义承诺与回赠是灾害风险转移分担机制有效运行的保障。

1. 熟人关系

共同生活在一起的村民有着天然的联系，"确定社区实体首选的标准是地域界限明显，至于成员归属感的强弱则是次要的。换言之，地域的基础是预先规定的，而社会心理的基础是要靠以后培育的"①。也就是说，

---

① 胡鸿保、姜振华：《从"社区"的语词历程看一个社会学概念内涵的演化》，《学术论坛》2002 年第 5 期。

农民对贫困村社区的认同更多来自"地域"。共同地域中的农耕关系衍生出人与人之间的乡土熟人关系，"正是这种乡土关系或曰乡土性才派生出中国农民对血缘和地缘的重视"①。血缘和地缘是整合乡村社会关系的有效手段。"地域上的分割限制着社会关系和社会网络的规模，其封闭性也强制个体和群体不得不接受并维系天然的社会关系和网络，使得社会关系网络代代相传。同时封建社会的宗法等级制度和纲常伦理文化更加强化了熟人社会关系网络的稳定性和延续性。"② 熟人关系维系了传统乡土社会的秩序生产，使得熟人关系成为一张微观权利关系网，其中的每个个体都是规范的承载体，既是熟人关系机制规训和监督的对象，也是享有监督、说教权利的主体和人情关系运作的监督者。上述访谈内容中所陈述的陕南骆村首富 ZLS 的话："大家都很熟，我能不借吗"显然告诉我们一个事实：熟人关系是这种制度有效运转的基石，背后则是中国传统伦理规范的强制性存在。如果不借就有可能落下"为富不仁"的恶评和"失道寡助"的可能性局面。"有事了没人帮"在乡村社会是件很丢人的事情。熟人关系的存在，使得人与人之间有着较强的信任关系，清楚地知道他们的个性和品格，因而对他人的行动有清楚的预期。

2. 非正式契约式约定

在传统乡土社会中，现代契约的约束力依然依靠人情关系才能充分发挥效力，甚至有时候不如基于人情之上的非正式约定更为可靠。在人情的作用下，熟人社会成了一张微观权利关系网，人们因熟悉而获得信任，获得可靠性认可，获得对行为规矩的下意识式遵守。在贫困村这样的乡土社会中，彼此认识就是最大的契约，而它的保障机制之一就是农民对土地的依赖，"跑得了和尚跑不了庙"。再者，这种约定在较长的历史时空中得以延续，一代人的彼此分担灾难不仅仅影响到这代人的声誉与地位，而且影响到未来几代人的声誉与地位。况且，贫困人口大多以农业为生，亲戚朋友相互之间的农业投入、采用的农业技术和农业产出透明程度高，成本与收入也知根知底。其实，对于物质资本和人力资本都相当匮乏的贫困村

① 彭大鹏、吴毅：《单向度的农村——对转型期乡村社会性质的一项探索》，湖北人民出版社 2008 年版，第 65 页。

② 王尚银、康志亮：《中国熟人社会的"类社会资本"》，《社会科学战线》2012 年第 1 期。

农户来说，社会资本在生产和生活中起到了举足轻重的作用，因此被认为是"穷人的资本"。通过与其他人建立网络状风险分担关系，穷人可以获得非正式信贷、馈赠等形式的资源，并运用于生产或生活，从而带来收益，所以谁都不敢轻易地违反约定，即便非正式风险分担没有正式的、法律承认的契约作为保障，它借助于农村的社会关系，实现了自我监督、自我执行，所以不存在严重的"履约"问题。

在熟人社会的人情往来是一种不平等的交换，人与人之间的相互亏欠是维持彼此往来的中介，这种亏欠无法用金钱来衡量，恰恰是彼此亏欠导致彼此之间有着相互的权利与义务，关系中的所有人都是自己人，熟人社会才能作为一个亲密群体而延续。看似没有保障约束机制的非正式契约，恰恰是通过经济上、道义上的"给予"与"亏欠"，使得人情关系持续下去，迫使人们的行为不仅要遵从规范，还要遵从各种约定和承诺，这样灾害风险损失的相互分担在人情关系与道义约定及承诺的基础上一直延续下来并发挥着积极的作用。

三　贫困村社区内部灾害风险转移机制的衰退

1. 人际关系的疏离

"当前，中国乡村经历着剧烈的社会变迁。逐渐摆脱土地束缚的村民已完全不同于他们的祖祖辈辈，村庄也呈现出生活方式城市化、人际关系理性化、社会关联'非共同体化'和村庄公共权威衰弱化的诸多特征。"[1]基于人情之上的熟人关系逐渐被理性化的人际关系所取代，由此贺雪峰认为中国乡土社会已经演变为一种半熟人社会。在调研中发现，武陵山区贫困村是由很多自然村构成的，自然村之间的空间距离很大，超越自然村之上的共同体因为村自治组织能力弱小而未能构建完成。另外，外出务工使得不少贫困村农户的生产生活日益脱离了贫困村地域社会，而收入的非农化和消费支出的社会化使得"社会化小农"趋势越来越明显，不少农户摆脱了农业生产的低效益和高不确定性的制约。贫困村在日常生活领域货币化已十分严重，人际的货币化关系则逐渐取代了道德伦理关系。村落社

---

[1]　陈柏峰：《熟人社会：村庄秩序机制的理想型探究》，《社会》2011 年第 1 期。

区的农户化是一个持续性的过程，在此过程中，贫困村社区的凝聚力被削弱，社区秩序逐渐呈现零散化的特征。

2. 非正式制度约束力下降

　　问：你认为在农村里面借钱不好借的原因是什么？
　　答：就怕还不起。不信任你。一般亲戚朋友比别人要好一些。
　　　　2010 年 12 月 5 日湖北宣咸石村 TK 访谈录（避灾农业项目）

"就怕还不起"说明农户间货币化往来日益明显。在传统乡土社会中，一个农户在对另外一个农户的经济支持后获取后者的感恩、劳动力、尊重等回报是可以弥补前者的经济损失的。但是在现代化思潮下，贫困村农户的各种行为也越来越理性化和经济化，"充分考虑对方的偿还能力"成为损失转移分担一个衡量标准且越来越成为主导性标准。为什么亲戚朋友比别人要好一些？原因在于这些关系是受理性化和货币化影响较弱的关系类型。"传统终结根源在于理性化法则的扩张和个性化法则的盛行。"[1] 尤其在年轻人群体中，理性化和个性化最为明显，人情淡漠程度高于老人群体。理性化和个性化使得农户与整个社会的联系更加紧密，但同时导致社区内部的联系比以往更加稀松，远离了高密度的道德和传统非正式制度的约束。

3. 生计类型的非农化。

调查显示（见图 4—1），武陵山区贫困村有近三分之一的农户生计不再依赖于农业而转向外出务工。外出务工增加了贫困村的经济收入，提高了单一农户应对农业不确定性能力，也加剧了农户的原子化，导致贫困村社区的增长是一种分裂式增长。外出务工仅仅带来了收入的非农化，组织化并没有被激发出来，农户在遭受灾害时往往缺乏有力的组织分担甚至应对灾害对于一些农户来讲已无必要。贫困村社区的非农化、农户收入来源的非农化都客观上降低了灾害风险的影响，但我们知道自然环境破坏所引发的灾害风险，贫困人群、农业生产是首当其冲的受害者，他们变成了环境变化的替罪羊。因此，灾害风险对不再依赖土地的农户的影响是微弱的，最起码对生计的影响是微不足道的，而对贫困户

————————————

① 毛正林：《规避与管理：风险社会中的行动逻辑》，《社会工作》（学术版）2011 年第 3 期。

来讲则是致命的。以纯粮食作物种植乃至以农业为基本生计维持方式的农户与以非农业维持生计的农户之间灾害风险就有着很大的差异性，彼此之间均衡的转移分担机制处于"失衡"的状态，结构性相互依赖程度日益降低。这样，灾害风险彼此之间分担转移的非正式制度存在的必要性在大大降低。

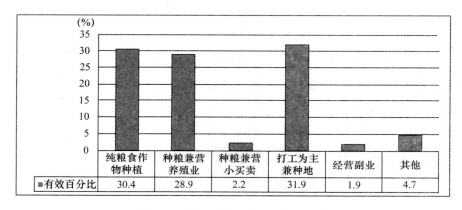

图4—1　样本农户家庭生计类型分布

	纯粮食作物种植	种粮兼营养殖业	种粮兼营小买卖	打工为主兼种地	经营副业	其他
有效百分比	30.4	28.9	2.2	31.9	1.9	4.7

第二节　贫困村灾害风险转移的正式制度

我们知道，贫困人群之所以贫困及脱贫之后的返贫现象，在很大程度上源自农业生产的脆弱性。市场风险、技术风险和灾害风险的存在和发生严重影响农业的可持续发展。农户分散经营使得贫困村农民的农业收益处于一种极度的不确定性状态，客观需要创建一种转移风险、分担损失机制。国际经验表明："农业保险是处理农业非系统性风险（如天灾人祸等）的重要财务安排，是市场经济条件下现代农业发展的三大支柱（农业科技、农村金融和农业保险）之一。"① 农业保险被认为是农业可持续的重要支柱，也是贫困村农户生产层面的灾害风险转移的主要机制。

----

① 冯文丽：《我国农业保险市场失灵与制度供给》，《金融研究》2004 年第 4 期。

一 我国农业保险历史发展与现状

1949 年新中国成立后，我国开始试点农业保险工作，中国人民保险公司先后在北京郊区、山东商河等地办理棉花和牲畜保险业务。"试点工作"带有很强的政府色彩，农户参保和企业办保都是在强制模式下得以实现的，但以失败告终。1954 年在农业合作社浪潮下，农业保险试点再次开始，并在 1956 年被确定为全国重点保险工作，在灾害风险补偿方面发挥了一定作用。1958 年后我国计划经济体制基本建立，国家救灾救济体系基本取代了农业保险机制，乡村集体组织承担了农村灾害风险转移与分担职能。自 1982 年以来，乡村集体经济组织在家庭联产承包责任制下趋于瓦解，乡村社区集体分担机制无法发挥作用，农业保险在国家的重视下得到恢复。在政府的主导下，中国人民保险公司开始在全国范围推行种植业和养殖业保险，尽管发展十分迅速，但由于缺乏风险精算基础导致"大干大赔、小干小赔"的局面。1987—1991 年，国家对农业保险采取财政补贴、税收优惠等激励措施，鼓励保险企业农业保险业务单独化和部门单列化，开始致力于农业保险的属地化办理，出现了保险企业单独经营、保险企业与政府联合共保和政府单独组织经营与保险企业代办三种方式，保险类型出现政策性保险、商业性保险和联合性保险三种保险类型，但依然是亏本经营。1991 年后，我国开始探索农业保险探索多种经营模式，建立多层次、相互联系的农村专项保险基金，逐步建立"农村灾害补偿制度"和"发展农村合作保险"，"逐步建立各类农业保险机构"，因地制宜地逐步扩大养殖业保险与种植业保险试办范围。特别是 1996 年，保险公司实行商业化经营，农业保险因为没有利润而逐年萎缩、淡出。自 2004 年以来，"三农"问题不断升温，农业政策性保险受到了政府和社会的关注，一批政策性农业保险股份企业成立，并在 9 个省市开展试点，后来在历年中央一号文件推动下，试点力度和范围不断扩大。

作为一种准公共产品，目前农业保险在实施存在着农户对保险业务不了解、保险企业对农户经营管理不知情的信息阻隔问题，加上高赔付率，保险品种单一，专业人才匮乏，导致我国的农业保险在困境中艰难发展。

目前我国农业保险覆盖面小，保险品种少，保障水平低，费率高，投保率低，赔付率高。同时，政策性农业保险发展缓慢、农户互助合作保险组织仍未成型，商业性保险企业望而生畏情况比较普遍。

二　农业保险的贫困村社区实践

在武陵山区部分县市（如湖北恩丰、贵州思南和湖南凤凰等），农业保险试点工作有所展开。

> 我们的水稻全都纳入了保险，政府埋单，老百姓掏一点。我们这儿母猪都是重点保护对象。你比如说困难群众危房改造，政府每年拿出 30 万元给所有农户购买住房保险，如果遭遇灾害，保险公司负责理赔，房子倒塌的话最高每户赔付 3000 元。
>
> 2010 年 11 月 29 日湖北恩丰政府部门座谈会笔录（避灾农业项目）

在连片开发项目调研过程中发现，重庆黔江的能繁母猪（能繁殖的母猪）保险、生猪保险及蚕桑保险都采取了这种政府补贴的农业保险模式。以能繁母猪保险为例，每头保费 60 元，政府补贴 48 元，保额为 1000 元。这个项目是当地开展"县为单位、整合资金、整村推进、连片开发"试点项目的配套措施，生猪养殖和桑蚕是当地连片开发两大产业项目，主要在贫困村实施。这样一来，瘟疫灾害风险损失的很大部分转移到了保险企业，农业保险作为灾害风险转移形式开始进入贫困村社区之中。

根据避灾农业项目调查数据分析来看（见图 4—2），武陵山区样本贫困村社区问卷关于"是否参加过农业保险"的测量中，有效数据为 102 个。在 102 个贫困村有效答案中，有 12.7%（13 个贫困村）的贫困村曾经参加过农业保险，有 87.3% 的贫困村（89 个贫困村）并没有参加过农业保险。根据样本农户的调查发现，501 份有效问卷中，仅有 9 户农户参与了农业保险。

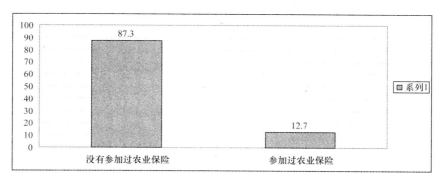

图4—2 武陵山区样本贫困村社区参与农业保险情况（单位：%）

从农户方面的调查结果显示，所有调研样本村农户仅有不到2%的农户购买了农业保险，恩丰县的比例相对较高。在561个有效数据中，农户认为农业保险几乎没有减少因灾所造成损失（认为减少因灾损失的农户比例仅为15%）、补偿少（69%的农户持这种看法），甚至有41%的农户不知道有保险这回事。因此，我们在努力提高保险赔付比例、增强农业保险的保障功能的同时，提高农业保险政策的知晓率尤为关键。它不仅制约着农户灾害保险的选择，更影响着农业保险政策的实际效果。

通过交互分析发现（见表4—1），参加保险农户家庭经济状况差异对农业保险作用的认知有着显著的影响。无论是何种类型的农户都普遍认为农业保险并不能减少损失，并不会滋生惰性，其中在"减少损失"方面比较富裕户认可度高于其他类型的农户，在补偿比例及所发挥作用方面来看，所有类型都给予了肯定，特困户与非常富裕户的评价明显高于其他类型农户。在农业保险政策知晓率方面，特困户与贫困户的比例明显高于其他类型的农户。似乎可以看出两个奇怪的现象：（1）农户认为"补偿少作用小"的判断是否认的，也就说农户对补偿标准与作用还是认可的，但并不能减少损失；（2）贫困村农户对农业保险的作用都比较认可，但参加保险行为发生率明显不高。第一个奇怪现象的原因在于灾害风险所造成的损失较大，但保险企业只能部分地分担灾害风险损失，而第二个奇怪现象的原因在于农民对农业保险充满期待，但保险企业所开展的农业保险未能满足农户的需求。

表4—1　　农户的家庭经济状况与农业保险作用认知交互分析结果　　单位:%

家庭经济状况	统计项	减少损失		滋生惰性		补偿少作用小		不知道	
		否	是	否	是	否	是	否	是
特困户	频数	92	28	121	5	103	23	110	16
	百分比	76.7	23.3	96.0	4.0	81.7	18.3	87.3	12.7
贫困户	频数	125	40	169	1	132	38	153	18
	百分比	75.8	24.2	99.4	0.6	77.6	22.4	89.5	10.5
一般户	频数	123	48	167	10	141	36	165	12
	百分比	71.9	28.1	94.4	5.6	79.7	20.3	93.2	6.8
比较富裕户	频数	16	9	26	0	19	7	25	1
	百分比	64.0	36.0	100.0	0.0	73.1	26.9	96.2	3.8
非常富裕户	频数	5	2	7	0	6	1	7	0
	百分比	71.4	28.6	100.0	0.0	85.7	14.3	100.0	0.0
总计	频数	361	127	490	16	401	105	460	47
	百分比	74.0	26.0	96.8	3.2	79.2	20.8	90.7	9.3

三　农业保险试点效果的原因分析

对于农业保险,农户认为补偿少、未能减少灾害风险所造成的损失,甚至有41%的农户不知道有保险这回事,但知晓农业保险的农户至少是认可保险的作用与功效,对农业保险是有所期待的。一些学者认为目前农业保险处于供需双冷的局面,这种观点并不完全正确,因为在贫困村农户表现出积极的需求。不过,令人遗憾的是,农业保险政策宣传和保险供给未能与农户的需求相对接。从宏观来讲,学者们认为原因在于:(1)保险仲裁的缺位(陈运来,2010);(2)缺乏宏观政策支持,政府补贴效应不明显;(3)农户保险意识淡薄,道德风险高;(4)保险企业发展区位定位、人才资金和经营机制问题(李健宏、王岩,2011)。其实,这是一种"各打五十大板"的分析方式,并没有指出真正的症结之所在。只有从农业保险的基层运作实践才能发现其供给方面的困惑。

在贫困村,农业保险的乡土实践有着些许的不易。

在种植上和养殖业考虑是否能把农作物纳入保险，采取保险的手段来解决。但是目前保险公司对于农业不愿意进行保险，致使工作上面临很多困难。以前在发展养殖业时，开展过保险业务，当遭受一定的灾害后，保险公司感觉压力比较大，没有办法把保险这种机制继续推行。

2010 年 11 月 29 日恩丰县政府部门座谈会记录（避灾农业项目）

问：现在有农业保险这一块吗？

答：有啊，烟叶有，水稻有，畜牧也有。如水稻保险有，一亩地2.5 元，但农民积极性不高，不愿意交。

问：刚才说的农民不愿交这个保险，像一亩地 2.5 元，一方面可能是观念问题，另一方面是不是和这个保险理赔有关系？

答：其实很简单的一个问题，但我们这儿和平原不一样。一是自然条件的影响，第二是水稻的保险，只赔下一轮生产的基本成本，不像别的保险。

2010 年 11 月 28 日恩丰县陈村 YMR 访谈笔录（避灾农业项目）

我们现在正在开展的是国家针对母猪的政策保险，一头母猪按照1000 元保金，农民缴纳 12 元，国家补助 48 元。但是上面指定的保险公司在操作上不够规范，到时候该补助多少，基本上都是由保险公司说了算，比如有 500 的，也有 700 的，老百姓的利益得不到很好的保障。

2010 年 12 月 3 日宣咸县畜牧站 LXM 访谈笔录（避灾农业项目）

上面的几段文字来自恩丰和宣咸县有关部门负责人及贫困村农户访谈内容，从中可以看出市场主体——企业是不愿意进行农业保险的。恩丰县所采取的是政府诱导加上补贴对企业进行动员的，而事后的补贴标准太低，"只赔下一轮的生产基本成本"也就意味着很少的一笔钱。在此我们需要回答一个问题：作为参与者，政府、社区、市场、农民发展避灾农业的原因到底是什么，只有这样才能找到不同主体间的动机衔接点。

1. 贫困村灾害风险市场转移的主体间际张力

目前，各地的农业保险推行都是政府介入的结果。由于农村灾害风险性质上已不属于典型的"理想可保风险"，农业保险经营成本居高不下，让其无法成为商业保险，政府的参与与补贴是必要的。对于地方政府特别是基层政府来说，农业保险试点的社会效益和政治效应等大于经济效益。我们知道，农业保险对基层政府来说是没有吸引力的，因为取消农业税后，地方政府在农业中获取的收益几乎为零。在"政绩主义"主导下的基层政府在避灾农业发展中的动机是"政绩"和"实效"要双重具备，以至于地方政府会向农业保险要经验、要模式，从而引起上级的肯定与重视。政府所奉行的规则是科层制的威权主义，要求以精确、稳定、有纪律、严肃紧张和可靠为准则，在既定的章程和规则的约束范围内，通过职务等级而形成的权威影响所形成的集体行动形式，农业保险推行所依赖的权力路径就被置放于上级发动、层级之间管理、控制和监督体系之下，以合乎逻辑和高效率的方式完成一个复杂的目标，来保证大规模组织的控制与协调。

对于企业来说，在农业保险产品供给方面，市场供给农业保险的根本动机是赚取利润，而它赚取利润的多少是建立在农户的参保农业品种不受灾或少受灾的基础之上，但是企业与农户对灾害风险的界定与被保险农业的价值的判断是不同的，同时政府在系统、连续的政策支持方面供给不足。因此，市场与农户、政府的追求是一致的，都希望自然灾害对农业的影响降到最低限度，同时，在农业保险项目实施过程中，市场规则为利益关联之下的契约规则。但这种规则之中，农民可能是最不熟悉规则的，是保险契约形成过程中的弱势群体，所以农户对农业保险有种天然的不信任感和陌生感。基于此，农业保险的贫困村实践有着很多的张力。

2. 企业与农户之间被动的契约合作

在企业参与不足和农户参保缺乏积极性的情况下，政府就成了企业开展农业保险和农户投保的发动者、主导者和鼓励者，甚至变成强制者，这将农业保险项目置于政府动机主宰之下，市场与农户的自由性都可能被忽视。在武陵山区的其他县市都存在着保险公司不愿意介入农业保险的情况，在一些地方还是尝试推行了水稻保险，采取了政府和农民共同埋单的形式，指定保险公司负责，这样保险公司的市场自由及动机就被扼杀，效果欠佳。在理赔方面，一旦发生灾害风险，政府有关部门就会通知保险公司，具体标准则由政府制定的保险公司"说了算"。本来是农户与保险公司的"联姻关系"，但由于政府与保险公司的捆绑关系使得农户在理赔方面丧失了主动权（农户仅出了部分保费且比例小），保险公司也觉得不划算，政府本身又不能越位充当仲裁者，导致"拉郎配"式风险转移无法持续。不过，这种"联姻关系"却被冠以自由的合同契约名义，而实际上契约已经是一种摆设。在恩丰水稻保险实施过程中发生了一场稻瘟，保险企业在接到政府理赔通知后发现无力全部承担，最后政府与企业进行商议最终以联合理赔的形式进行了补偿，这种政府"出保费、出保险金"等模式实际上借用了保险公司的外壳而已，保险公司收益甚微。

在贫困村灾害风险转移对象中，保险企业是理论上最佳的转移对象和分担对象，它的介入有着很强的现实意义和功效。而在现实中，由于种种因素，企业作为灾害风险转移对象有着太多的障碍，导致农户需求与市场供给无法有效对接，客观上降低了贫困村的灾害应对能力。在政府诱导性农业保险实施过程中，政府应该着眼于完善农业保险补贴政策，优化支持模式，建立农业保险再保险机制和风险保障基金，强化其公共服务职能，加强政策宣传和保障服务；避免参与农业保险的随意性和强制性。

第三节　贫困村灾害风险转移的国家介入

一　农业生产领域灾害风险转移的国家介入

由于农业生产的重要性、脆弱性和外部性（对社会经济秩序稳定及生态环境改善都有影响）客观上要求国家采取一定的政策措施来对农业发展予以支持，"农业补贴"是国家通过干预将社会资源向农业领域转移来实现其市场风险（校正市场失灵）和灾害风险的分担职能。21世纪以来，我国开始实施农业补贴政策，逐渐形成了生产补贴、价格补贴和消费补贴等系统化政策体系，取消了农业税，并开始尝试推行政策性农业保险，从而通过补贴和农业保险介入灾害风险之中。

1. 贫困村农业生产过程中灾害风险的国家分担

根据各种补贴的发放时间（国家有关部门要求尽可能在春播之前兑现部分补贴资金，全部补贴资金要在上半年基本兑现到农户），粮食直补和良种补贴等其他政策性补贴是农业生产的一种事中补贴机制，是以耕地面积规模为标准的，与农业产出无关。由此，农户生产效益因灾变动的可能性降低，同时稳固了农户从事农业生产。根据农户问卷调查显示（不完全统计），农户每年的灾害损失为1100元左右，而农户所领取的政府补贴（直补、良种补贴、农机具补贴、农资补贴及灾害补偿）每年平均为720元左右。众多的财政补贴和保险收益，客观上抵消了农户的资本损失，降低了灾害风险的"灾难性"。在很大程度上，这些政策及保护价收购、农机具补贴等政策体系构成了中国特色农业风险保障体系，政策的实施减轻了农业灾害损失程度，降低了农户农业生产效益的不确定性，客观上发挥了农户灾害风险应对的"保底"功能。灾害风险是贫困村贫困的重要根源，以水旱灾害为例，"有关学者研究表明：水旱灾害对农业生产的破坏率每提高10％，农村贫困发生率便增加2％—3％"[①]。相应地，国家各种农业补贴便成为贫困村缓冲灾害风险损失的重要弥补。

不过，在观念系统、部门设置、政策网络、府际关系、财政实力等因素制约下，农业补贴政策在执行中有很大的偏差，农户依然对资金、农业保险和避灾减灾等社会政策有着很强的需求。整体来讲，农户诸多方面的需求客观上导致了"政府"在很大程度上成为灾害风险的转移对象。农户对政府的期望不仅意味着对政府社会政策的肯定，也蕴含着民众关于政府公平导向型社会政策性的心理反射：对灾害风险所造成的"苦难"不再过多地担心。

2. 产业扶贫过程中灾害风险的政府分担

在产业扶贫模式中，产业发展被认为是贫困村可持续发展的有力支柱，是"造血式扶贫"的重要体现。对传统无太大影响的气候特征及相应变化对新品种与新技术可能就是一种灾害，所以在产业扶贫项目实施过程中，"示范—推广"是产业扶贫的主要运作机制。在"示范"环节中，

---

① 胡志全：《农业自然风险分布及支持政策研究》，中国农业科学技术出版社2010年版，第5页。

扶贫部门整合资源往往以提供各种补贴如种苗补贴、化肥补贴等甚至是免费提供的形式来引导贫困村富裕户种植。新品种新技术有着与当地气候环境不适应的风险，对示范户来讲就是一种来自生态环境的灾害风险。在陕南骆村，灾后重建水稻示范项目则采取农户提供土地或劳动力、政府提供技术与种子等形式进行合作，并提供了相应补贴。这种补贴实际分担了示范户受灾损失。在湖南凤凰，当地政府则采取了有关部门征地办示范基地的形式来进行产业化示范，承担了全部的"不确定性"。

　　3. 农业保险的国家介入

　　从我国农业保险发展历程来看，农业保险的推行与实施一直无法离开政府的支持，政府在财政补贴、税收、政策鼓励和支持系统构建方面发挥了积极作用，并在现实中力促"企业"与"农户"之间建立有序的契约保险关系，推动了农业保险机制从外及内、从上至下的乡村本土化进城。"政策性农业保险作为政府对农业自然灾害风险管理的介入方式，在农业生产风险抵御，主要是在风险损失发生之后，为保障农户的一定的收入和来年农业生产的顺利开展发挥了重要的作用。"[①] 之所以要发展政策性农业保险，在于商业保险的市场失灵。"1984—2001年我国农业保险赔付率最高为136%，最低为64%，平均为93.5%，如果再加上大约20%的管理费用，农业保险商业化经营的亏损很大，农业保险呈现出强烈的'供给不足'态势。"[②] 国家介入便成为一种必然，也成为目前武陵山区贫困村农业保险的基本类型。

　　　　问：那你知道有一个水稻保险吗？
　　　　答：参加过一年，是政府投入的。
　　　　问：效果怎么样？
　　　　答：有的就补了，发生稻瘟了，就补了。
　　　　问：那总的来说这个水稻保险好吗？
　　　　答：保的当然好了。

---

　　① 胡志全：《农业自然风险分布及支持政策研究》，中国农业科学技术出版社2010年版，第91页。
　　② 冯文丽：《我国农业保险市场失灵与制度供给》，《金融研究》2004年第4期。

　　问：他们是怎么做的？是保险公司来的吗？

　　答：政府推广的，保险公司来保的。

2010 年 12 月 1 日湖北宣恩陈村访谈笔录（避灾农业项目）

　　在政府引导下，武陵山区部分地区如湖北恩丰县等开展了农业保险的试点。2009 年该县尝试推行了水稻保险，将水稻全都纳入了保险，采取"政府埋单、农户受益"的模式尝试建立农业保险系统。这一系统基本上由保险企业来提供，因此采取了"政府推广、企业跟进"的方式引导保险企业建立农业保险项目。在武陵山区湘西、渝东南等地的母猪保险、水稻保险、蚕桑保险等各种农业保险中，政府都介入了具体实施过程之中。

　　农业保险的国家介入不仅仅表现为政策推动和具体实施，同时表现为农业保险的政府补贴。在重庆黔江所开展的能繁母猪保险和生猪保险，当地政府提供了大部分保费（能繁母猪每头保费 60 元，补贴 48 元，保额为 1000 元，生猪每头保费 30 元，补贴 21 元，保额从 300 元到 800 元不等）来保证参保率。而湖北宣恩则是以百分之百补贴的形式将包括贫困村农户在内的全部农户纳入保险体系之中。为了应对大规模灾害造成农业保险收不抵支的情况，部门县区政府成立了农业保险风险基金。

　　官方的说法是农户参保比例达到 91.4%，而从农户问卷分析结果来看，只有 4 户认为自己参加了农业保险，巨大的差异来自农民对农业保险政策的知晓率很低。调研时，笔者在与农户聊天时，很多农户不知道有灾害保险补贴，当我拿到农户的"直补本"查看时，每家每户存折都有一笔数额不等的保险补贴。然而，试点一年后该项目效果并不理想，原因在于农业风险评估难度大、赔付率高。而重庆黔江区母猪保险与蚕桑保险则运行比较平稳。由此可见，现代农业保险体系国家介入程度影响着农业保险的现实效果，政府能否为贫困村农户与保险企业搭建起现代灾害风险转移机制取决于国家介入与否、介入方式与程度。

二　日常生活领域灾害风险转移的国家介入

　　调查显示，灾害风险对农户日常生活的影响主要表现为生活质量下降（73.6%）和生产投入困难（52.6%），其次依次为子女教育受到影响和返贫及其他，这些对农户来讲都是一种突发性的"苦难"。在国家威权主义和全能主义意识潮流下，拯救贫困人群于"苦难之中"是以人为本的具体体现。针对贫困村大量贫困人群日常生活的"苦难"，国家构建了一套强有力的"救赎"体系。

医疗保险、低保、养老保险、以农村居民最低保障政策为例，在 680 个有效农户数据中，36.7%的农户家庭有成员享受低保，63.3%的家庭没有享受低保。为了考察贫困村农户家庭受灾情况与其成员享受低保政策之间的关系，笔者对"五年内遭受灾害风险次数"与"是否享受低保"两个变量进行了相关分析。结果显示，两个变量之间在 0.01 水平上呈显著正相关关系，说明农户受灾次数越多，其家庭成员享受低保政策的可能性越增加。由此可见，低保政策已经成为贫困村灾害风险应对政策体系的构成。

低保政策是生计困难农户日常生活维持的一种补贴，发挥了灾害风险转移的功能。大量的贫困村农户希望国家生活补贴性政策能够拓展至资金（69.7%）、医疗保险（26.6%）、扶贫开发（17.2%）、养老保险（22.4%）、子女教育（20%）和减灾避灾补贴（16.9%）等更大的范围之中，其目的在于从国家获得更大的资金支持。无论是国家道义的体现还是政治需要，国家介入到贫困村因灾而致的生计困难及未来生计风险之中的事实告诉我们：国家已经成为贫困村灾害风险转移的对象，国家在很大程度上分担了灾害风险损失，降低了贫困村灾害风险的不确定性。

表 4—2　　　　"五年内遭受灾害风险次数"与"是否有家人享受低保"的相关分析结果

		五年内遭受灾害风险次数	是否有家人享受低保
五年内遭受灾害风险次数	皮尔森系数	1	0.293（＊＊）
	双边检验 p 值	0	0.000
	频次	293	292
是否有家人享受低保	皮尔森系数双边检验 p 值	0.293（＊＊）	1
	双尾检验	0.000	0
	频次	292	681

注：＊＊　Correlation is significant at the 0.01 level（2‐tailed）.

　　总体来说，贫困村灾害风险转移的内部机制在不断衰退，对外部主体分担灾害风险预期在增加。处于不断探索之中的农业保险尽管理论是贫困村灾害风险转移的发展趋势，但其可持续性和现实效果因各种因素而显得比较贫乏。在农业保险发展过程中，国家通过政策扶持、工作引导与资金补贴介入其中，但政策性农业保险因政府、市场与农户的良性互动机制尚未建立，仍处于探索之中。各种农业补贴政策及诸多社会保障与救助政策在贫困村实施，国家已经成为贫困村灾害风险转移的对象。现代社会灾害风险的两大对象：市场与国家，在贫困村灾害风险转移方面效果差异明显。

第五章

贫困村灾害风险应急

目前,"灾害风险"的大小在不同主体看来是不同的,国家更注重其影响的程度与范围,相关国家文件对灾害的级别进行了界定,并制定了相应的应急方案,社区、农户与国家不同之处是它更侧重于从家庭和社区的角度来界定灾害风险的等级。在长期的国家建设中,国家权力不断向社区与农户渗透,在灾害等级界定方面国家占据了"话语权"和"处决权",一些灾难可能对某些家庭或社区来说是很大的灾难,但其在国家视野下则是中小型灾害。在本研究中,将在国家视野下对等级界定进行论述。

第一节　贫困村中小型灾害风险应急实践

灾害性事件一旦来临,原本不确定的时间、地点及其影响逐渐被变为确定性的灾害。灾害风险事件的影响程度如何不仅在于其本身影响程度还在于人类社会如何应对,应对方式本身就决定着灾害风险的程度与范围。灾害性事件给贫困村所带来的是更多的不确定性,如何降低风险所造成的损失便成为一项迫切的任务。

一　贫困村社区及农户的灾害应急

国内外实践表明,农户如何应急来自长期的生活经验。这种经验是通过记忆的形式不断下移的。"记忆不仅包含着'什么',同时也能记住事件如何发生的以及具有事件类比的能力。"① 其中包括个体记忆、社会记忆和公共记忆，社会记忆一般侧重于有着某种关系的一群人分享着某种记忆，公共记忆则更多地指向对某个震撼性事件的记忆。

1. 农业生产方面的应急策略

中小型灾害直接影响的对象是农户，进而波及村落社区等更大的范围，范围距离远近取决于孕育灾害的环境脆弱性、灾害因子和承灾体能力大小。在社区层面，社区的地理位置、灾害类型和各种资本水平的大小。武陵山区大量的贫困村社区是血缘关系与地缘关系重叠的社区，社区层面的社会网络较为狭窄，农户层面社会关系网呈高度集束状态。由于贫困村资源匮乏、贫困问题高度集中，客观上降低了贫困村社区的灾害应急能力。通过对贫困村社区的调查显示，在减灾措施采取方面，36%的社区进行了农作物调整，五分之一左右的社区进行了改土改田，40%的社区引导农户加强了田间管理，仅有23%和9%的社区采取了"咨询技术人员"、"参加农业保险"等举措，可见在应急方面贫困村仍有很长的路要走。

（1）事前应急行为。从图5—1可以看出，在灾害风险来临之前，有53%的农户采取了各种应对措施，其中所采取的应急行为最多是加强田间管理，其次是抢收抢种、改造灌溉设施。由此可见，在灾害风险来临之际，农户所采取的事前应急策略也是基于自身资源与能力的基础上的理性选择结果。和规避灾害风险的措施一样，在农户眼中，改造基础设施是全村人或者政府才能采取措施的事情，而咨询专家则受制于目前的专业技术人才的城乡分布格局。

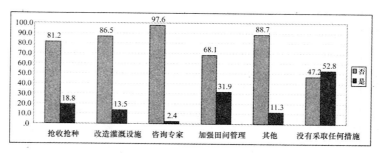

图5—1 农户灾害风险来临之前的应急措施采用情况（单位：%）

---

① 张俊华：《社会记忆与全球交流》，中国社会科学出版社2010年版，第3—6页。

（2）事后应急行为。当灾害风险演变为灾害事件，农民的事后策略总体上更为消极（见图5—2），采取各种应对措施的比例明显低于事前，仅有44.1%的农户有所行动。在各种应对灾害风险事件，降低风险损失的措施方面，最为普遍性的措施是加强田间管理和抢收作物，其次为贷款或向亲友求助，而改造灌溉设施、提高农技水平、参加农业保险等借助现代"技术—组织"减灾系统的措施行为发生率仍然偏低，这其中除了农户的因素外，政府的灾害风险应急管理也是一个十分重要的因素。

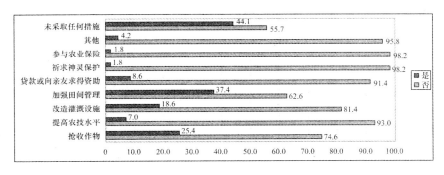

图5—2　农户灾害风险来临之前的应急措施采用情况（单位：%）

（3）影响农户采取应急策略的因素。在此本研究采用回归分析方法，分别对农户是否采取事前应急行为、事后应急行为进行分析。由于事前防范行为与事后应急行为测量维度均为两项式0/1变量类型，所以采用二项逻辑回归分析方法。在模型中，自变量分别为"家庭生计类型"、"家庭经济状况"、"家庭债务情况"、"五年内受灾情况"等，分析策略采用"逐步向前筛选"策略，由于自变量除"五年内受灾次数"为定距变量外，其余测量均为定类变量，故对定类变量进行了虚拟变量转换，而五年内受灾次数也转换为"多"和"少"二分变量，5次以上为多，以下为少。经过计算，模型预测正确率分别为64.8%和60.8%，通过对数似然比卡方检验结果，显著性水平均为0.006和0.041，小于0.05，说明该模型较为合理。模型拟合优度测度显示，最终模型的－2倍对数似然比函数值分别为229.689和228.826，Nagelkerke R的平方离1较近，说明该模型拟合度较高。

从逻辑回归分析结果（见表5—1），反映出灾害发生次数在采取事前策略方面的差异，结合发生比可以看出，未采取事前策略的受灾次数多是受灾次数少的 0.98 倍，因此受灾次数越多越倾向于不采取事前策略行为。在灾害发生次数影响下，越是富裕户越不采取事前策略行为，分别为特困户的 1.167、1.348、1.553 和 1.947 倍，其中富裕户比特困户之间的差异明显，其余家庭经济类型与特困户差异不大，越富裕的农户越不采取应对措施。从家庭生计类型来看，在灾害发生次数影响下，纯粮食收入类型与其他家庭生计类型差异不大。因此，在武陵山区贫困村，灾害发生次数多少对"未采取事前应对策略"影响显著，次数越多越不倾向于采用事前应对行为。从家庭经济状况因素来看，越富裕越不采取事前应对行为，而家庭生计类型影响并不明显。

表 5—1　影响农户未采取灾害事前应急策略的因素的二项逻辑回归结果

		B	S. E.	Wald	df	Sig.	Exp（B）	95.0% C. I. for EXP（B）	
								Lower	Upper
Step 1（a）	五年内灾害	−0.020	0.040	0.261	1	0.609	0.980	0.906	1.060
	特困户			0.639	4	0.959			
	贫困户	0.154	0.468	0.108	1	0.742	1.167	0.466	2.919
	一般户	0.298	0.477	0.392	1	0.532	1.348	0.529	3.432
	较为富裕	0.440	0.813	0.293	1	0.588	1.553	0.316	7.647
	富裕户	0.666	1.453	0.210	1	0.647	1.947	0.113	33.604
	纯粮食作物			1.520	4	0.823			
	种粮兼养殖	0.027	0.491	0.003	1	0.956	1.027	0.393	2.687
	种粮兼买卖	−0.727	1.487	0.239	1	0.625	0.483	0.026	8.914
	打工为主	−0.376	0.493	0.582	1	0.446	0.686	0.261	1.805
	经营副业	−0.284	0.698	0.166	1	0.684	0.752	0.191	2.957
	Constant	0.623	0.467	1.782	1	0.182	1.864		

注：a　Variable（s）entered on step 1：五年内灾，C6，C2A。

从表 5—2 可以看出，灾害发生次数在采取事后策略方面的差异，受灾次数多的农户比受灾次数少的农户在未采取事后策略行为方面平均减少了 0.054 个单位，结合发生比可以看出，未采取事后策略的特困户数是非特困户的 0.947 倍，因此受灾次数越多越倾向于不采取事后策略行为。在灾害发生次数影响下，越是富裕户越不采取事后策略行为，分别为特困户的 0.556、0.624、1.826 和 2.753 倍，其中富裕户与特困户之间的差异明显，其余家庭经济类型与特困户差异不大，越富裕的农户越可能不采取事后应对措施。从家庭生计类型来看，在灾害发生次数影响下，纯粮食收入类型与其他家庭生计类型差异不大。因此，在武陵山区贫困村，灾害发生次数多少对"未采取事后应对策略"影响显著，次数越多越不倾向于采用事后应对行为。家庭经济状况因素来看，越富裕越不采取事后应对行为，而家庭生计类型影响并不明显。

表 5—2　影响农户未采取灾害事后应急策略的因素的二项逻辑回归结果

		B	S. E.	Wald	df	Sig.	Exp（B）	95.0% C. I. for EXP（B）	
								Lower	Upper
Step 1（a）	五年内灾害	−0.054	0.043	1.551	1	0.213	0.947	0.870	1.031
	特困户			3.936	4	0.415			
	贫困户	−0.569	0.470	1.462	1	0.227	0.566	0.225	1.423
	一般户	−0.471	0.475	0.984	1	0.321	0.624	0.246	1.584
	较为富裕	0.602	0.911	0.436	1	0.509	1.826	0.306	10.894
	富裕户	1.013	1.618	0.392	1	0.531	2.753	0.115	65.682
	纯粮食作物			1.692	4	0.792			
	种粮兼养殖	0.094	0.472	0.039	1	0.843	1.098	0.435	2.771
	种粮兼买卖	−2.980	4019.970	0.000	1	1.000	0.000	0.000	0
	打工为主	−0.313	0.483	0.420	1	0.517	0.731	0.284	1.885
	经营副业	−0.469	0.682	0.473	1	0.492	0.626	0.165	2.380
	Constant	0.842	0.473	3.172	1	0.075	2.322		

注：a　Variable（s）entered on step 1：五年内灾，C6，C2A。

因此，在灾害风险分布较为密集的贫困村，社会分化日益严重，贫困户无力采取各种事前事后应对措施，而富裕户不愿意动用资源在事前事后进行灾害风险应急。"与'财富在上层聚集'的趋势不同，风险呈现'在下层聚集'之态。"①而贫困村集体性的应对措施又没有，确实是一个严峻的社会问题。

2. 社会网络资源统筹与生计应急

（1）社区资源统筹与生计应急

尽管贫困村社区在灾害应急方面没有太大的贡献，但针对社区因灾所致生计困难的农户，贫困村却拥有着单一农户没有的国家政策性资源优势。在国家社会治理体系中，村级组织（贫困村主要为村两委）是村民自我管理和乡村治理的自治性组织。在传统权力运行机制、压力型体制等因素影响下，村级组织行政化特征越来越明显，行政化趋势来自国家的关于村民自治组织的制度安排，"国家基于行政管理的需要设立村民委员会，并赋予其公共管理职能"②。这就意味着，村级组织事实拥有着国家政策的贯彻功能和反映、代表本村村民利益的功能。

> 如果某户在当年受灾了，就可能被列入困难户名单中。除了五保户和退伍军人外，我们村没有长期被列入困难户名单的家庭，大多因为遭受灾害了而发生变动。
>
> 2010 年 11 月 29 日贵州 SN 县岩村村委会主任访谈录（避灾农业项目）

"困难户"一词成为在贫困村这样一种特殊的社区类型中，有着很深的含义。一般情况下，农村社区受灾所导致的生计困难由乡镇政府及民政部门解决，而贫困村则同时归属于扶贫部门"贫困治理单元"，其可以利用的资源则更多，出现生计的困难户原则上是可以成为低保户和扶贫建档立卡户，前者可以享受国家农村低保政策的支持，后者可以享受扶贫开发的各种补贴，两种政策性资源的分配是贫困村村级组织主要的政策性资源。从上述访谈中可以看出，困难户名单的动态管理就是贫困村社区政策

---

① 夏玉珍、郝建梅：《当代西方风险社会理论：解读与讨论》，《学习与实践》2007 年第 10 期。

② 黄辉祥：《"草根性"复归：村级组织的角色转换》，《当代世界与社会主义》2006 年第 6 期。

性资源的统筹，从而达到生计应急的目标。

（2）农户社会网络资源统筹与生计应急

在武陵山区贫困村，农户家庭人数平均为4.5人，多数为4—5人，占总样本的49.3%，农户家庭小型化现象十分明显。其在应对生计不确定时，各种社会关系网内部资源是其主要的生计维持手段，调查显示样本户的直系亲属（兄弟姐妹）数目平均为2.8人，众数为3，中位数也是3，也就是说大部分农户直系亲属数为3人。75%以上的农户有亲戚朋友14人以内，28.9%的农户没有节日来往的亲戚朋友，平均为15人。在这些类型中，遇到困难时第一求助对象分别为：14.7%的农户认为家族是遇到困难时的第一求助对象，45%的农户选择亲属，朋友为6.5%，政府为3.9%，其他社会关系为6.9%。处于第二等级的求助对象为邻居（23.7%），其余类型分布较为分散，家族、邻居与朋友是第三等级的求助对象。在最末端的求助对象构成中，农户的选择较为分散，这说明贫困村农户在应对生计风险时，首先想到的是亲戚，其次为邻居，越往后越不集中。

根据连片开发项目对贫困村农户的调查结果，农户维持社会网络的投入成本是巨大的，红白喜事平均为2344元，其他人情往来为3103元，平均占家庭开支的12.7%，这种投入在很大程度上成为农户现金支出的重要方面，影响到农户的资金积累。在秀山贫困村调研时听到一句话："人情不是债，头顶锅儿卖"，这就潜在地告诉我们经营人情关系是贫困村农户重要的社会活动之一。

> 谁家有个事啊，就过去，送过去一点东西，这个多好啊，有钱出钱，没钱出人，很有人情味。亲朋左右有点儿那事，你必须都要去撒，像我们这里二三十、三四十，稍微重点的搞到四十块钱。我每年差不多两千多。
>
> 2010年11月28日贵州SN县岩村某村民访谈录（避灾农业项目）

从农户的回答中，我们可以看出，农户的风险意识很强，平时的人情关系往来旨在满足"有事"的需要，这种事情其中就包括各种原因所导致的生计困难，而且这种关系网络呈"集中—分散"趋势，灾害风险所导致的生计困难越严重，农户所动用的社会关系越多元，其所波及的网络越庞大。

（3）消费平滑策略与生活维持

在贫困村农户中，消费平滑策略表现为动用存款和借款，两个方面分别指向两种时间段的资源使用。据连片开发项目针对495户农户的调查结果显示，26.9%的农户有数额不等的存款，大部分农户是没有存款的。在贫困村中，有存款的农户一般为富裕户，在风险应急中，大部分没有存款农户只能使用"未来"的资金，用借贷的方式来应对天灾人祸。调查显示，56%的农户有数额不等的欠款，平均借款为1.5万元，40.9%的农户的欠款来自银行，1.8%来自村级互助资金，72%来自亲戚，31.3%来自朋友。

那么，灾害风险是否真正影响到农户的借款行为呢？为此，本研究将对"五年内灾害发生频率"与"农户有无借款情况"两个测量指标进行相关分析，结果发现（见表5—3）在0.01水平上，二者的相关性非常显著的，且是正相关关系，也就是说农户五年内受灾次数越多，其借款情况越可能发生。同时也能说明在应对灾害风险时，农户更多地以借钱的形式来应对。"借钱"行为其实是将未来的家庭收入予以提前使用，会导致未来一段时间内因为偿还债务而返贫，灾害对贫困的影响并不仅仅在于灾害事件来临之际，而且在于对未来生计的影响。

表5—3　　　　　　　样本户受灾频次与借款情况相关分析结果

		五年内灾害发生频率	农户有无借款情况
五年内灾害发生频率	皮尔森相关系数	1	0.254（＊＊）
	双边检验 p 值	0	0.000
	频次	293	240
农户有无借款情况	皮尔森相关系数	0.254（＊＊）	1
	双边检验 p 值	0.000	0
	频次	240	611

注：＊＊ Correlation is significant at the 0.01 level (2-tailed).

贫困村集体无力应对中小型灾害，农户不愿意或不能够应对中小型灾害。这种格局使得政府及其他外界主体介入贫困村中小型灾害应急具有理论上的迫切性，否则贫困村的发展与农户未来生计维持都可能陷入一种"周而复始"的不良循环之中。

二 政府应急政策的贫困村社区实践

新中国成立后，国家灾害风险应急政策不断演变。在50年代初步确定了以救灾和生产恢复为主要内容的应急体系，倡导"节约救灾，生产自救，群众互助，以工代赈"的农户自救与社区自救的指导方针。"必要的国家救济"在20世纪70年代进入国家应急政策体系之中，到了80年代，"依靠群众，依靠集体，生产自救，互助互济，辅之以国家必要的救济和扶持"成为国家应急政策总体指导方针，国家扶持和互助互济成为应急体系的新内容。目前，在国家灾害风险应急体系中，更加注重灾害风险的防范，灾害应急系统全面且逐步深入。自上而下的应急预案和应急机构初步建立。

1. 国家灾害风险应急政策概述

根据灾害等级差异有着不同的响应机制，也有着不同的应急措施。综合有关灾害风险应急的法律法规及各级预案内容，总结发现国家应急政策大致涉及以下内容：

（1）事前防灾。防灾有着广义与狭义之分，广义的防灾不仅包括优化生态环境降低灾害风险发生率及程度，而且包括修建基础设施、物质储备、能力建设、意识提升等方面。狭义的防灾仅指灾前的紧急应对。在此采用广义上的概念，主要内容涉及采取各种措施如生态环境治理、修建基础设施、提高社区自救、互助互济能力、紧急动员及发布灾害预警等。

（2）事中救灾。2006年全国民政工作会议将我国救灾的基本方针确定为："政府主导，分级管理，社会互助，生产自救"，这个方针在很大程度上可以理解为我们应急的基本机制：根据不同的灾害等级采取不同的应对策略，同时以灾害风险属地管理方式并根据等级不同由不同层级的政府主导，同时积极引导与鼓励社会参与，积极发挥社会组织、社区及受灾群众的积极性，构建多部门合作与社会参与的管理机制。支撑这一机制的是领导组织系统、法律政策系统、"技术—人才—物资"支持系统、社会福利与社会救助系统及社会参与系统。

（3）事后减灾。在紧急动员与救援救助环节之后，如何更好降低灾害风险损失和规避次级风险（灾害风险、生计风险等）便成为灾害应急的重要环节。恢复重建灾民的生产生活是事后减灾的主要内容，需要借助于自救与互助围绕基础设施、公共服务设施、民房修建和生产生活救助等内容来开展工作。

2. 中小型灾害风险应急中的政府行为

根据"分级管理"理念，中小型灾害风险应对一般由灾害波及范围内的地方政府负责。在我国政府科层制组织体系中，县级政府是中小型灾害的责任主体，上级政府更多的是指导、协调、动员与提供支持。

（1）政府事前应对行为情况。根据武陵山区贫困村农户调查结果显示（见图5—3），67.1%的农户认为当地政府未采取任何措施，在32.9%的农户看来，发布灾害预警信息、动员社区及农户抗灾是政府常用的灾害风险事前应急行为，其次为改造农田水利设施和农业技术培训。从调查结果可以看出，信息发布和紧急动员是中小型灾害风险应急中常见的政府行为，"信息发布"的目的在于"紧急动员"，也是其前提与基础。对地方政府来讲，事前应急的主体是社区及农户，政府仅仅是告之者和动员者，且响应的技术支持和基础设施支持是非常缺乏的。

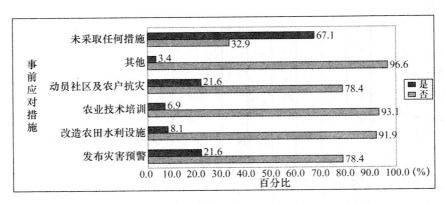

图5—3　武陵山区贫困村中小型灾害事前应急中的政府行为

（2）政府灾害风险的事后控制情况。与事前对比（具体见图5—4），农户眼中的政府事后应对措施情况好于事前应对行为，41.7%的农户认为政府采取了各种措施，比例较事前应对有所提高，相应的措施主要有救灾赈灾、农业结构调整、改造农田水利设施和农业技术培训及其他。从整体来讲，政府应对行为多为救济与救助，事后的基础设施供给、技术培训和农业结构调整等有着长期效果的减灾措施运用有所不足。

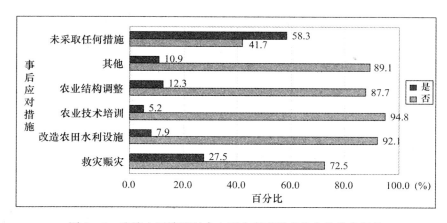

图5—4　武陵山区贫困村中小型灾害事后应急中的政府行为

从农户减灾所面临的困难来看，基础设施落后（78.9%）与资金不足（75.2%）和农技知识缺乏（65.7%）是农户应对灾害的三大主要困难，其次才是气象信息难以获得和自然环境恶劣。而农户的需求主要集中在基础设施建设（82.2%）、知识与技术培训（53.8%）、提供补助（45.5%）和产业结构调整（44.1%）等方面。在农户眼中，政府的防灾减灾重点应该着眼于加大资金投入进行农田及水利设施改造、农技服务、提供农业发展补贴及提供及时的气象信息。

无论是事前应对还是事后应对，政府的行为都是一种短期策略性行为，对长期的防灾与减灾关注不足。贫困村农户渴望的恰恰是政府灾害风险应急工作的薄弱环节，对贫困村社区及农户因灾而产生的技术、基础设施需求满足程度较低，客观上加剧了灾害风险的隐性风险存在程度。

3. 政府应急政策效果、影响因素与反思

在中小型灾害应急方面，地方政府沿袭了传统的"以减少损失为目的事后救济"做法，尽管这种做法与国家灾害应急的"以人为本的全方位救助"机制构建方向不尽一致，但毕竟一定程度上缓解了贫困村受灾农户的次生风险发生概率。特别是从表面上来讲，我们经常从地方政府工作报告中看到类似于"共发放各种救灾物资多少万元"这样的字眼，政府事后救济金额数额也十分庞大，那么在贫困村社区内部又是一番什么样的情景呢？

> 在湘西杨村，由于地势比较低洼，年年都会发洪水，一年两三次都很正常，到了雨季60%的耕地都被水淹，水淹的时候没有什么救济，我当了十五年的书记，领导来看望的就有，报数年年都要报，但是没有什么用，我们这个村最多给救济一些大米，最多的一年给了1000斤大米，我们也想过根治这个问题，规划都做好了，没有办法搞起来。
>
> 2010年12月2日湖南湘西杨村访谈笔录（避灾农业项目）

在自上而下的科层制内部，层级、资源分配方式及透明程度直接影响到资源的下移，沙漏现象无法避免。陕西骆村2010年8月上旬出现一次巨大的洪灾，8户村民的住房被冲毁，村里认可的损失户均1.5万元，一直到笔者调查结束（9月底）村民未曾领到补助，而在笔者返回县城对相关部门进行访谈时，负责人谈起此事说中旬已经将相关款项拨发了。

村民通过村里申请救济或补助，这些农户或多或少都可以得到一些补贴。调查显示：（1）在698个样本户仅有38户得到政府补偿；（2）来自政府的救助平均为100元，为得到所有补偿总额的24%，其中最多的为6万元；（3）38户得到补偿的农户有78.1%农户认为得到补偿是比较及时的。这种非定期的补助因受灾情况不同而有所不同，而在贫困村内部多以抓阄的形式或平均分配的办法进行分配。在重庆曹村，1999年和2000年遭遇严重旱灾，村民的吃饭成为问题。于是2001年当地政府动用国家储备粮发给老百姓。曹村村委会主任说：

> 当时由乡村组担保，平均每人200斤，95%的村民借了粮食，村民认为是免费给的，后来听说是借的，还折成价格，现在还有人没有还清，就扣县乡村的，救济的也有，都是民政部门。特别是救济那块，下来一回救济就得生一回气。先是村委会挑选救济户，然后再通

过代表会。有时先评出来特别难，让代表评更评不出来，有的时候就抓阄，评的不好的时候就有人骂你。有次都摊上了，主要是下来的太多了，全村 300 户。

2010 年 12 月 30 日重庆市黔东区曹村村主任访谈录（避灾农业项目）

村委会和村支部在贫困村社区中所能发挥的作用十分有限，成员对他们的信任更多的是熟人关系和亲情关系的信任，而非组织信任和精英崇拜。对于贫困村来说，外来资源是村民生产生活资源的一个重要渠道，原本外界提供资源的目的是帮助社区及农户更好地应对灾害所造成的各种困难。目前贫困村社区缺乏凝聚力，在利益化、社会分化的社会现实下，共有的价值观、规范、利益和目标均是不明确的，熟人与亲情是联系村落共同体的唯一纽带。我们在调查一个事件时，在同一个村庄总能听到不同的声音，有人说合理，有人说不合理，不同叙述来自自我利益的关注，而难以真正对贫困户形成关心与关怀。但因资源分配不均造成不同群体之间的矛盾，破坏了社区的社会关系网络。"平均分配"是唯一的利益协商和妥协结果。

发生灾害以后，比如今年 7 月份我们这里有近万亩的水稻和玉米受灾了，受灾之后，省里还是很重视的，拨了我们 20 万元救灾资金和 300 多吨肥料，也就这种方式，其他的没有。主要是看上边能拨多少钱，因为我们的县域经济十分贫穷，我们的财政入不敷出。如果只让我们地方拿钱救灾的话，我们救不起，我们的财政靠中央转移支付。你比如救灾，上面拨一部分钱下来，通常都要我们地方要有配套资金，这部分资金我们是拿不出来的，确确实实没有钱，没这个能力，因此这部分是空的，我们基本的救灾设备都没有多少。

2010 年 12 月 2 日湖北恩施宣咸县民政局访谈录（避灾农业项目）

更多的原因在于武陵山区贫困村所在县大部分为国家级贫困县，社会经济发展水平低下，财政基本为"转移支付"，自身财力十分有限。无论是灾害风险应对的事前事后，国家在基础设施相应投入方面基本上以项目的形式进行运作，且要求地方政府配合，客观上限制了贫困县争取上级项目的积极性。事后的救济一般在查灾之后，是被动式的，主要以保证受灾群众温饱问题为第一宗旨，对灾害风险及次生风险缺乏足够的应对措施。

三 市场及其他主体介入的现实效果

1. 市场介入的贫困村实践

在现代化背景下，农村的社会化与市场化是相互伴随，在很多学者看来，农民是社会化的小农和市场化的小农，不过在贫困村更多地表现在日常生活消费与农业生产投入方面，贫困村农户收入的多元化与支出的社会化是典型特征。不过在灾害风险应对方面，相对于武陵山区贫困村社区及农户，市场的介入程度差距明显。

针对农户的调查结果表明，698 户样本户中仅有 4 户在灾害发生之后参加了农业保险，共获得了 100—150 元不等的保险赔付，仅占所有补偿金的 2% 左右，赔付相对比较及时。在保险业务完善方面，548 户有效回答中，有三分之一以上的农户认为应该在理赔比例、受灾鉴定方面予以改进。前文中提到，在部分地方政府引导下，农业保险运行得并不是太好。除此之外，一些县市尝试推行的住房保险，则显得相对比较成功。

> 你比如说困难群众危房改造，政府每年拿出 30 万给所有农户购买住房保险，如果遭遇灾害，保险公司负责理赔，房子倒塌的话最高每户赔付 3000 元。
>
> 2010 年 11 月 29 日湖北恩施宣咸县座谈会笔录（避灾农业项目）

为什么有的保险推行得比较好，而有的推行得较差？根本上取决于所保财物在灾害风险面前的脆弱性程度。纳入保险的财物如水稻在灾害风险面前发生大面积损失的可能性远远大于住房。所保财物越脆弱，保险公司的运行成本越高，以营利为目的的保险业务就要相应地提高参保金额，降低保险理赔金额，这一点恰与政府、农户的期望背道而驰，况且高额的参保金是农户和政府所不愿意投入且无力承担的。农业保险是国际社会提高农业风险应对能力的主要手段，且在不少国家取得了成功，"政府补偿 + 农业保险参保金"是保险企业稳定运行的主要机制。国外成功经验的基础在于发达国家农业生产的规模化和产业化基础，先进的设施、技术和管理使得灾害风险的农业损失大大降低。我国是一个分散的小农经济国家，条块分割的土地大大提高了基础设施投入、技术服务和管理的难度，也降低了保险企业介入的可能性。

2. 其他主体的介入与效果反思

综上所述，政府在中小型灾害应急方面的作为是有待提高的。各级政府之间的"财权与事权"的相对分离导致负有直接治理责任的地方政府是无能为力的，而更高级别的政府所有财权却没有相应的事权。在政府无法满足贫困村社区及农户需求的同时，鼓励社会资本似乎是一个更好的选择。

调查显示，698个样本农户关于宗教救助、社会捐助及社会组织参与等相关内容回答是空白的，这其中除了调查过程中询问技巧等主观因素外，也在客观上说明了武陵山区贫困村中小型灾害应急方面鲜见社会组织及公益人士的身影。目前，中小型灾害由于其波及范围小、总体受灾损失程度低，很难引起媒体及社会关注，外界无从知晓贫困村灾害风险的程度与影响，比如在陕西骆村2010年的洪水灾害，在各级媒体出现的频次仅为3次。同时这与政府没有及时向媒体及社会传递灾情信息有关，也与政府没有有效动员社会组织参与有关。在另一个方面，贫困村社区组织除了村两委外，武陵山区贫困村社区组织发展严重滞后，资源少和能力不足，很难在灾害风险应急方面有所作为。从整体上讲，在2008年公民社会元年后社会组织发展有了极大进步，但我国各种社会组织在政策及管理体制瓶颈下，发展仍比较缓慢，其募集资金、参与救灾的技术与能力等方面业务水平仍处于较低水平。

第二节　贫困村重大灾害风险的应急实践

本节将着重研究贫困村重大灾害风险应急实践，以汶川地震重灾区陕南骆村为典型个案，展开及时、全面、系统的研究，透视贫困村抗震救灾与灾后恢复重建的实践逻辑及其影响，为人们了解贫困村重大灾害风险应急提供一个窗口。

一 紧急救援与社区秩序的恢复

骆村地处秦巴浅山丘陵区，位于陕西省宁县西南，距离县城 100 公里，距离镇政府 16 公里，东与水村相连，西邻金村，南与青川县境接壤，距四川省青川县 4 公里左右。该村地理位置偏僻，基础设施落后，社会经济发展严重滞后，食用菌袋料香菇、生猪养殖和务工收入是全村村民收入的主要来源。2001 年被确定为扶贫开发重点村，2004—2007 年该村实施了整村推进扶贫开发工作。在 2008 年汶川地震及后续的余震中，对骆村的社会秩序、村民的生计与发展造成了巨大冲击与破坏，基础设施、农户住房、社会公共服务设施遭受重大损失。全村 434 户 1667 人全部受灾，震灾造成直接经济损失达 1827.9 万元。

1. 灾害风险与社区秩序的失衡

灾害社会学认为，"灾害发生后，会产生一种非道德心理与行为，这是与同道德心理与行为性质相反、作用相反、结果相反的一种灾时心理、精神的力量，主要表现为自私、畏惧、逃避，甚至发生攻击、抢掠、流氓等犯罪活动"①。恐惧的心理、失范的行为和内外约束力量的缺失将会导致社会秩序发生严重障碍、离轨、失控。在地震中，骆村主导产业受损严重，食用菌、桑蚕养殖及生猪养殖大幅下降，民房、道路、灌溉水渠、水塘等基础设施及村小学、村委会等公共服务设施受损严重，全村基础设施因灾直接经济损失达 450.8 万元。

（1）经济秩序的失序。公共基础实施的破坏造成部分农户：第一，农业生产无法进行；第二，饮水出现困难；第三，交通受到阻碍，物资、人员的输送受到限制；第四，信息不通，加剧心理不安情绪；第五，教育无法持续，村两委工作受到制约等。外出务工有 241 人返回开展灾后重建，与往年相比，仅此一项减少收入达 149.4 万元。全村因灾造成产业经济损失达 451.4 万元。农户现金收入比往年减少 60% 以上。与此同时，与救灾相关的食品、帐篷等物资供应紧张，价格上涨。这样一来，很多家庭收入下降，家庭开支增加，收支不平衡，经济秩序开始出现失序。

---

① 王子平：《灾害社会学》，湖南人民出版社 1998 年版，第 261 页。

（2）恐惧的心理与行为脱序

"害怕"一词是我在调研中听到关于"5·12"地震发生时村民内心感受最多的词语。研究证明人们可以将自己的恐惧感"传染"给周围的人，这种群体性内心的恐惧在村庄弥漫。原本平衡的内心秩序被打破，处于结构中的"行动者"便会无暇顾及正常状态下社会结构与规范所带来的强制力，本能的安全意识导致非理性、自私的避灾行为出现，于是骆村出现了很多到处抢购生活物资的行为及后来抢救灾物资的行为。

（3）村民日常生活的紊乱

地震造成全村将近四分之一的家庭433人因为房屋倒塌无法再进行自己的日常生活，244户危房户也因不可知的危险而住进了帐篷，从2008年5月12日起，骆村村民大多在帐篷里度过自己的生活。帐篷作为一种过渡性的家庭载体，打破了原有家庭成员和村民的居住格局，原本基于家户散居的生活习惯被打破，很多看似熟悉的陌生人生活在一起，使得日常生活呈现出紧张的状态，以至于很多人不顾危险仍旧居住在房屋里。经济生产无法正常运转、基础设施受损、恐惧的心理、行为的失序和帐篷生活的焦灼与不安构成了一定时期内骆村社会秩序的典型特征。这些状况迫切需要自我进行干预和外界的干预，否则乡村社会的"脱序"将会更加严重，后果不堪想象。

2. 社区自救与社区秩序的维持

（1）经验判断与家庭自救

当"5·12"地震发生时，村民惊恐之下的反应是"地震了"，这一判断依据来自自身1976年地震的经历，而后家庭自救来自电视上关于余震的预警信息。在当时骆村村民就开始自救，首先，解决住宿的问题，很多人要么买要么用自家的彩条布搭建简单的棚子。其次，开始自我解决吃饭问题，着手构建和恢复自己的日常生活。在起初的自救中，村干部与部分村民产生认识上的差异，有些贫困户认为自己财产比较重要，不顾一切地抢救自己的东西，而村干部和富裕家庭认为生命是重要的，人是第一位的，物质是第二位的，这说明在灾害面前伦理观念呈现出一定的差异。

（2）非正式的组织化自救

在骆村很多家庭在做着自我恢复与障碍干预的时候，一种非正式的组织化自救行为活跃在社区之内，发挥了很大的作用，同时为后来外界干预提供了良好的"地接服务"①。最初的群体协作形式在社区精英的引导和动员下，一种组织化运作开始出现。村里年轻人组织了抢粮队，把粮食抢出来。与此同时，骆村还成立"灾后防疫队"，队长由村长担任，成员由各组组长、村医、消毒员组成。其实，这种组织没有成文的规则、没有固定的领导者，是一种松散的组织，但是有理由相信，"如果政府不提供并鼓励一个社会'结社自救'的可能，在客观上意味着那些从旧生活中得到脱身的民众从此陷入'双重抛弃'的境地。针对一个社区可能陷入一种无能为力的状态，如果它的成员丧失了单凭自己力量去做自救的能力时，又丧失了协作的习惯，那他不久将陷入混乱状态"②。这松散的结社行动为骆村社区精英及当地政府引导与开展抗震救灾及灾后重建提供了难得的民众力量，实现了政府、社区精英与村民的良好互动。

（3）乡村社区政治精英及其所在组织作用的发挥

当骆村出现了很多到处抢购生活物资的行为及后来抢救灾物资的行为时，骆村村干部利用自己的权威维持了秩序，社会失序的现象得到遏制。乡村社区内精英及其所在组织就成为了社区整体利益的代言人和乡村秩序的构建者，完成着单一家庭无法承担的任务：第一，组织发放物资，构建资源动员与使用规则，创造有序的应急秩序；第二，最早利用村民的非正式群体协作自救行为，建构非正式的组织救灾行为；第三，承接村庄内外救援救助主体的沟通与协调任务，完成外来干预地接服务；第四，关注集体场所和抢救村庄基础设施、公共设施；第五，查验灾情，汇报灾情；第六，转移安置群众，避免继发性灾害的发生等。这些恰当的处理与示范性措施有利于引导有效的村民自救措施和财务分配原则，他们的行为直接关乎村民的集体响应程度、村庄共同体的构建和稳定乡村秩序的构建。

---

① "地接服务"原本指旅游目的地的旅行社利用本地人优势，为外地旅行社组织的旅行团提供接待服务的一种工作形式。在此指乡村社区内部的各种组织为外来干预的组织或者志愿者提供了协同性的帮助。

② 熊培云：《重新发现社会》，新星出版社 2010 年版，第 31 页。

3. 外来干预下社区秩序的恢复

由于乡村集体产业的缺失，骆村的集体财产是以土地为基础，耕地与林地是法律上的集体所有财产，而家庭联产承包责任制的实施，实现了乡村集体资产使用权的家庭化，骆村的集体经济和集体财产基本上是空白的。地震发生后，骆村的家庭自救、非组织化自救及社区精英、村两委的自救活动基本上没有涉及财产的再分配，权力的缺失使得村落中的任何人都没有合法权力去整合经济资源来从事抗震救灾，骆村的乡村社区整体的自救能力受到了资源不足的困扰，因此乡村的自救能力被局限于狭小的范围。

（1）外界主体对骆村的支持与救援

在汶川地震发生后，抗震救灾工作运作方式充分发挥了地方的主动性，中央更多地承担了协调、指导和决策者的角色，为广泛调集统筹整合各种救灾救援力量和资源提供了组织保障。省市县三级地方政府更多地承担了协调上级与下级之间互动的中介，同时又对下级政府承担了资源整合、部门协调和本级事务的决策。而乡镇政府是抗震救灾的具体实施者和责任主体，承接了来自社会各界的物资与要求。在政府主导下，军队、企业、社会组织、国际组织等主体为骆村输送了大量物资，并提供心理安慰与辅导。基层政府基本上沿用了中央强大的分工协作模式，引导群众积极投身生产自救、防范次生灾害等方面来稳定政治、经济及灾民日常生活秩序。国内外社会组织及志愿者更多地侧重于物资捐助及知识援助，对弱势群体进行帮扶。

（2）日常社会秩序的恢复与应急社会秩序的构建

在村民的日常生活中，人们的行为往往是在遵守社会秩序与日常行为习惯中进行的。在国家法律的社区伦理道德规范的强制下，遵照一定的社会秩序有条不紊地实施，而突发的地震打破了人们的一般生活方式，使得人们在自然灾害面前，行为缺乏秩序性和规则性，因此必须在建立应急社会秩序的同时尽快恢复日常秩序。

有关部门对骆村成立抗震救灾指挥部，原有的政府相关部门、社区自治组织（村委会）、政党组织（村党支部）及群众组织（妇联）乃至外来社会组织、志愿者都被纳入这一应急部门之中，指挥部掌握了社区秩序的主导权。为了应对村民的恐惧、忧虑等心理，在安置点建设方面满足灾民的"本体性安全"① 的需要，确定了生命第一、责任人优先示范、整体利益优先和妇女、老人儿童等弱势群体优先与平均主义等灾害应急规则和秩序。在社区自救和外来干预相互配合下，同舟共济、众志成城，实现了灾害面前社会秩序的有序化，使骆村社区从一个生活共同体转换成一个灾害应对的责任共同体。

二 强干预之下的贫困村灾害风险应急遗产

骆村作为灾后重建与扶贫开发相结合行动试点村，采取了贫困村扶贫开发的整村推进的模式，这种模式具有"规划先行、多元参与和整村推进"三大特征，"它将个人需求与村庄发展、当前需要与长远发展、硬件建设与软件建设、经济建设与社会建设及基层民主建设全面结合起来，以一种整体思维来推进贫困村庄的发展"②。骆村的灾后重建在这种模式主宰下，借助于"试点村"的独特政策优势与资源优势，取得了很大的成绩。

1. 骆村灾后恢复重建的基本效果

（1）住房建设。截止到 2010 年 9 月，骆村灾后房屋重建总投资 1904 万元，主要为中央补助资金、天津援建资金 376 万元、建房贷款 400 万元、香港红十字会援建资金（每户 1.5 万元，合计 433.5 万元）和群众自筹 752 万元。完成了全部农户（376 户）的房屋重建，建成集中安置点 1 个。

（2）基础设施建设。在有关部门援助下，骆村的村级组织办公设施和能力有所提高，并修建村级集体活动场所。在村里无偿供给土地的基础上，中国红十字会投资 10 万元，援建了骆村卫生室。村小学并没有重建，而是纳入金山寺八一小学教育体系之中，该小学由陕西省军区捐赠 438 万元。陕西妇源汇性别发展培训中心在儿童乐益会支持帮助下，为骆村 6 岁

---

① 在吉登斯看来，本体性安全是指大多数人对连续的自我认同以及对他们生活所在社会与物质环境所具有的信心，它来自居民长期的日常生活实践积淀。具体可参见［英］安东尼·吉登斯《社会的构成》，李康等译，生活·读书·新知三联书店 1998 年版。

② 李棉管：《贫困村灾后重建中的扶贫开发模式——"整村推进"与"单项突破"的村庄比较》，《人文杂志》2010 年第 2 期。

以下的儿童提供了早期儿童教育和发展的服务。县扶贫办和 UNDP 共投资 39 万元解决了七个组的饮水问题。道路建设方面，由宁县有关部门投资修建村组道路 2 公里、钢筋板桥 2 座和小桥 1 座。在 UNDP 项目实施下，骆村进行了防灾和减灾设施建设，修建户坎、河堤和堰渠，并进行了基本农田改造。

（3）产业发展。在 UNDP 项目支持下，骆村成立扶贫互助资金协会，投入资金 18.5 万元，目的在于解除受灾农户产业发展缺少资金、贷款难的问题。为了提高农户抵御市场风险的能力和壮大产业实力，2010 年该村又成立了 1 个食用菌专业合作社，以"公司＋农户"的方式组织食用菌产业化生产。在"陕南灾后绿色乡村社区建设技术集成与示范"项目带动下，科技厅、西北农林科技大学建成食用菌快速繁殖中心 1 个，引进试验示范水稻、油菜新品种 10 个，建立高产示范田 100 亩，500 亩核桃园，为村民提供种猪 53 头，建造了一个良种种猪繁育基地。全国妇联承担的 UND 项目"妇女生计项目"在骆村得以实施，在项目实施过程中，有关部门共对 30 户妇女进行了试点培训，讲解科学种植食用菌常用的实用技术、技能，并购买了 5 套种植食用菌的设备，创办了"妇字号"食用菌生产基地，目前加盟基地农户 20 户，培训 350 人次，为加盟基地的农户搭建食用菌大棚 20 个，并免费提供栽培技术指导，帮助基地户统一联系购买食用菌栽培所需原料和辅助材料，降低种植成本，使食用菌成为全村的主导产业，并逐步形成了一村一品、一品立村的产业格局。

（4）能力提升。借助于科技部承担的 UNDP 项目子项目"灾后重建科技特派员对口帮扶项目"在骆村实施，有关部门及人员开展了培训和帮扶工作，加上其他项目方面的培训，拓宽了本土人才培养途径，将村民技术培训、知识培训、能力培训等培训项目与灾后扶贫重建有机整合。同时，村两委干部、村民借助负责或参与项目，实现项目运作的乡村化、自我化。截至目前，妇女培训、村干部能力培训、养殖种植技术培训、劳动力转移培训等培养了一批本土人才，为该村遗留下了很多文化、能力、科技等智力财富。

（5）乡村环保工作。在省环保厅支持下，先后投入资金 27 万元，在三组陶家沟选址新建垃圾填埋场 1 处，在全村设立的 8 个垃圾临时堆放点共添置垃圾桶 18 只，并确定 160 户农户为沼气池试点户，每户补助 500

元。为了提供村民的环保意识，在宣传教育的基础上，有关部门为全村共印发环境整治宣传小手册 450 本，户均一本。制作 10 幅喷绘，张贴在村委会周围和 8 个垃圾临时堆放点。与此同时，在多级争取下，骆村成为国家科技部"陕南灾后绿色乡村社区建设技术集成与示范"课题示范点，该课题由西北农林科技大学、同济大学等四所大学和两个单位共同组织实施，将陕南民居恢复重建技术、生活垃圾和农业废弃物处理及肥料化利用技术、水源地保护及安全用水技术、生猪健康养殖及疫病防控关键技术、灾后农业生产恢复技术相结合，形成先进实用的陕南绿色乡村社区建设配套技术体系。

2. 灾害风险应急与恢复重建对村庄社区秩序的影响

在"政策下乡"的推动下，骆村的灾后重建走了一条"灾后重建与扶贫开发相结合"的新模式。在多级政府、众多部门相互合作和社会力量的广泛参与及 UNDP 项目及其子项目等项目带动下，各类资源下移并积聚加上社区内部资源整合使得资源使用的效率大大增加，骆村生产生活设施、公共产品供给及生产生活都发生了翻天覆地的变化，骆村的社区秩序在巨大的外界干预和自我干预之下在悄然发生着变革，这种变革不仅是灾后重建工作的追求更是扶贫开发工作的目的。

（1）贫困村群体心理秩序的恢复与重塑。地震作为一种突发性自然灾害，对于身临其境的人来说是一次境遇性危机，它的"随机、突然、震撼、强烈和破坏性"特征给灾民的心理造成了很大的创伤。据调查显示，"恐惧和担心、无助、内疚和罪疚、悲伤与愤怒、过度反应和基本信念受到冲击"是"5·12"地震灾区民众基本的心理反应。[1] 外界在骆村所开展的心理干预主要针对儿童和学生的，来自党和政府、社会各界的高度关注与重视、正式承诺与非正式承诺、包括哀悼仪式在内的全国人民的各种情感与道义支持都借助媒体等各种途径影响着村民的群体心理，逐渐消除着村民现实生活的无助感和对未来生活的担心。这种非专业的心理干预效果是非常明显的，不仅激发了村民内心的乐观情绪而且提高了他们对灾后重建的信心。灾后重建的结束，村民心理、行为开始"回家"，村民

---

[1] 黄承伟、［德］彭善朴：《〈汶川地震灾后重建总体规划〉实施社会影响评估》，社会科学文献出版社 2010 年版，第 194 页。

重新完全掌握了家庭住房空间内外日常生活、家庭关系与秩序的主导权。以农业生产为经济基础、以家庭为基点的日常心理状态开始增加，灾害心理、应急心理逐渐退却，村民对地震的认知不再停留于负面的看法，开始趋于包含正面评价在内的多元认知状态。骆村村民对灾后重建是认可的、评价是积极的，并对未来发展充满信心。在整个村民心理演变的全过程中，对党和政府、社会各界帮助的感恩之情一直常常以"感谢"和对外来人的"热情"方式表现出来。

（2）社区关系的再造。表现为：第一，村庄关联度的提高。地震及其后果是单一家庭无法应对的，救援救助也是单一家庭无法完成的。在这种情况下，抗震救灾和灾后重建就成了整合社会关系的黏合剂，骆村村民跨越血缘、邻里关系的界限万众一心应对灾害、重建家园。在抗震救灾中，自发的组织化自救行为活跃在社区之内，而在灾后重建阶段，农户间的劳动交换、信息交换和社会资本交换等民间互助行为在一定程度上缓解了诸多难题，增强了村民的集体意识和社区责任感。第二，村治的接续和能力的增强。在抗震救灾中，骆村干部及社区精英在灾害救助、物资抢运与发放、秩序维持、应急管理等方面发挥了巨大的作用，在乡村社区抗震救灾中树立了独特的应急权威。超过四分之三的调查对象对村委会所发挥的作用给予正面评价。这种正面评价增加了村委会及村干部在社区内部的权威性，降低了社区治理的难度。与此同时，在外界援助下，村委会办公条件及村干部的组织能力有所提升，使得传统的村治秩序得以维系并有所增强。第三，村庄秩序日益公平与公正。在抗震救灾阶段，骆村在救灾物资的发放时坚持对儿童、老人、贫困户及残疾人群体等弱势群体予以优先照顾。在灾后重建中，扶贫系统的介入和 UNDP 项目的实施都以聚焦贫困群体为首要目标群体，以改善贫困群体的生计为第一要义。在外力干预下，社区资源的分配向弱势群体倾斜，贫困户的收入增加，收入差距减小。第四，家庭关系的变革。在抗震救灾中，在乐施会、妇联等机构的援助下，骆村妇女的特殊需求得到一定程度的满足。在物资发放及项目开展时了解妇女的需求，确保妇女切身需要得到响应和男女获得公平的对待。妇联承担的灾后重建妇女生计项目在通过脆弱性分析活动了解骆村妇女这一弱势群体需求的基础上，以妇女为帮扶和支持对象，针对妇女开展相应能力提升和技术培训活动，并建立了妇女自我生产基地。妇女的话语权、参与权和决策权得到了保证，骆村家庭内部关系趋于平等化，经济和社会地位有所提高。

（3）村庄经济秩序的优化。骆村村落经济是贫穷的，村民呈现出普遍的贫困。由于改革开放以来，农户的生产生活日益独立成为农村社区生产生活的主要单元，所以扶贫部门对村落经济的改造必须以农户为基础。首先，强大的外界干预为骆村村落经济发展搭建了完整的支持体系，表现为农田改造（投资 32 万元）、生产设施（妇联援助 5 套种植食用菌的设备）、资金支持（在 UNDP 项目支持下骆村成立扶贫互助资金协会）、经济结构调整（借助"陕南灾后绿色乡村社区建设技术集成与示范"项目建立了食用菌快繁中心和良种种猪繁育基地，引进试验示范水稻、油菜新品种，建立高产示范田和核桃园）和技术支持体系（所有项目的实施都以技术培训为重点）。其次，培育新型经济组织，利用村民之间的互助，创办"妇字号"食用菌生产基地，帮助成立食用菌专业合作社。再次，表现为基础设施建设，在骆村灾后重建中，道路、饮水、灌溉、能源、环境设施及医疗、教育设施等都有了很大改善。这些措施很大程度上缓解了经济秩序恢复的资金压力、提升了经济发展活力、经济结构得到优化和新型经济组织开始出现。

（4）农户日常生活重构。具体表现为：第一，住房重建与日常生活空间的压缩。在日常生活中，住房是基本的空间载体，是家庭与个体的日常消费活动的场所，也是日常交往活动的核心原点。在灾后恢复重建中，基于经济压力，不少农户为了控制成本，减少了院落空间，一个家庭包括厨房在内两到四间房屋成为一种常态，生活空间的压缩，家庭成员、亲属之间的关系更加紧密，也增加了不少生活的障碍。安置点建设导致村落空间在灾后重建过程被浓缩，客观上促进了一种新型空间结构的集体生活，村民之间交往的空间成本、时间成本降低，他们之间的交往更加便利。第二，日常生活对象化范围的扩大。在骆村实施的生猪养殖、食用菌项目、农业示范项目、核桃项目及劳动力技术培训和农业技术培训就是充分挖掘和利用骆村内外的有效资源，拓宽村民日常生活中物质资料的获取渠道，提高日常生活所依赖资源、劳动力、关系网等资源认知水平，让更多传统观念中无价值的物质进入村民生计维持的可利用之列。第三，日常生活的再组织。灾后重建所导致失地农民的增加，加上原来金山水库移民（他们也没有耕地）和部分家庭的土地流转，几乎 80％ 的农户的粮食需要购买才能满足，其他日用品完全依赖于外界市场，骆村不少农户的日常生活被完全地社会化，变成了整个国家宏观市场经济体系的消费者与弱势的生产者。村民的日常生活逐渐由内向型、自我化组织转化为外向型、社会化组织，这一进程在灾后重建过程中得以加速和深化，从外界获取收入能力和从外界购买消费品的能力逐渐演化为农民日常生活水平的主要标志。

3. 灾害风险应急与贫困村的可持续发展

资金短缺是目前骆村农户生计改善的一个普遍问题。在灾后重建阶段，高标准的民房建设和建材、劳动力成本费加剧了老百姓的债务负担，根据 UNDP 评估项目调研数据显示，骆村农户平均外欠资金为 41932 元，被调查农户全年现金收入平均值为 12532 元，而 2008 年为 7396 元，还款、还贷压力较大，贫困户更为严重。在资金不足的前提下，后续发展与生计改善在资金不足前提下成为严重问题。这种现实使得在后来实施的各种生计项目，贫困户由于没有资金被完全边缘化。尽管在有关部门的帮助下，骆村成立了互助基金协会，但入股方可参会的成员加入办法，使贫困户因无钱入股而未能从中受益。另外，受损的基础设施并没有完全修复，村庄所成立的各种农民合作组织因为资金、专业人才的缺乏而运作欠佳。由于项目的周期性和短期目标限制，人力资本提升项目效果并不明显，文化依然贫困。更加引人值得关注的是公共设施如垃圾填埋场、自来水等后续管理因为没有后续资金投入问题突出。灾后重建结束后，骆村的可持续改善依赖于社区内部的资源投入和自我发展机制，而骆村社区整体资源和农户资源有限，在大规模外界资源输入结束后，以资源大规模投入所带来的贫困群体脱贫的成果随时会丧失，他们的生计维持仍是一大挑战，返贫的风险是比较高的。强大而剧烈的外来干预和村民不完全参与，贫困村社区及农户都疲于应对，没有做好自我转型的经济资本、社会资本和人力资本的积累。外界干预所力图构建的新秩序能否持续下去、贫困村能否可持续发展下去成为一个新问题。

从整体来看，在中小型灾害风险应急方面，贫困村社区应对方式较为单一，农户应对水平处于较低状态，且手段较为传统。政府基本上是缺位的，在基础设施、技术服务及减灾避灾措施采取等方面供给是不足的。与此同时，市场与社会介入几乎是空白的，农业保险乡土实践惨淡，社区组织化程度不高，外界社会组织尚未介入。在一定程度上可以说，贫困村中小型灾害应急方面是非常薄弱的，急需完善与强化的层面很多。而贫困村重大灾害风险应急则被置于一个强大且有效的国家应急体系之中，其明显的特点就是政府主导，乃至社会资本、市场资本的介入都要在政府主导下进入。较为成熟的重大灾害应急模式受到了国内外的一致认同，效果十分突出，与中小型灾害风险应急效果有着巨大的反差，原因在于不同层级政府在灾害应急方面的可行动能力及市场、社会等主体的介入程度的差异。

第六章

贫困村灾害风险适应

     生态学意义上的"适应"是指一定范围的环境偶发事件，能够通过适当改变适应新情况以保证种群生存和延续的一种能力，后来被引入灾害学，特指"系统调整自身以适应气候变化和极端事件和趋利避害的能力"[①]。这样适应本身就包含着灾害风险的认知、调整和灾害管理，其中特别强调灾害风险的预见性和承受能力。从适应灾害风险的手段与策略来看，"其具体适应的手段有三：其一，常态适应；其二，抗风险适应；其三，补救性适应"[②]，其过程与结果是家庭、社区、群体、区域、国家的一个有着计划性和目标性过程、行动或者结果（Smit and Wande，2006）。汶川地震灾害与武陵山区的研究对比发现，在不同灾害风险等级、社区自我应对与外界强力干预组合模式下有着不同的特征，本章主要考察不同内外主体组织模式对灾害风险适应的影响。在此需要指出的是灾害风险适应与环境适应在过程上是一致的，是在长期的生存与发展中逐渐实现的，很难以时间推移来叙述贫困村灾害风险适应的过程，只能分裂式演绎。

---

    ① 方修琦、殷培红：《弹性、脆弱性和适应——IHDP 三个核心概念综述》，《地理科学进展》2007 年第 5 期。

    ② 田红、彭大庆：《本土生态知识的发掘与生态脆弱环节》，《原生态民族文化学刊》2009 年第 2 期。

第一节　多元主体互动下的贫困
村灾害风险适应

灾害风险是自然灾害存在相对于人的生命存在可能形成损害性后果的风险类型。和其他风险一样，灾害风险的分配与贫富分配有着密切的正相关关系，灾害风险的治理受制于不同群体间的权力分配。在不同社会地位和权力所属群体关系中，灾害风险本身就拥有了社会关系属性。存在于各种社会关系之中。不同主体赋予一场灾害不同的理解，如何"规训"灾害风险，实现灾害风险的秩序化，他们有着不同的价值取向，国家、市场与社会就有着风险厌恶、风险喜好和风险中性的多元心态，故此其对灾害风险的干预方式是不同的，对贫困村社区及农户的影响也是不同的。外界主体是否介入、介入程度与介入之后的互动合作变动，在这些变量的影响下，灾害风险的适应就不是静止的过程，而是一种动态变化的结果。

一　国家、市场与社会三维视角下的贫困村灾害风险接受

在灾害风险适应各个环节中，贫困村及农户接受灾害风险是首要的，如何接受取决于对待灾害风险的预知与态度。在现代社会中，贫困村社区并不是一个孤立的村落社区，而是国家政权延伸治理下的基层单元，灾害风险也是其治理的内容之一，另外贫困村及农户更是市场经济体系的末端，贫困人群更是社会组织特别是公益组织的帮扶对象，同时也是扶贫开发政策作用的微型区域。贫困村社区及农户的灾害风险接受肯定不是孤立的社会事件，而是一连串多种主体互动所反映的结果。

1. 灾害风险感知

"风险意识的核心不在于现在，而在于未来。"[1] 灾害风险感知是对过去灾害风险类型的一种判断，更是对未来灾害风险的一种主观建构。在武陵山区、汶川地震灾区贫困村，由于灾害风险的密集分布，农户对灾害风

---

[1]　[德] 乌尔里希·贝克：《风险社会》，何博闻译，译林出版社 2004 年版，第 35 页。

险感知是比较清晰的。不过，UNDP"农村社区减灾应急演练"项目在汶川地震灾区贫困村的实施则有着独特的意义。作为试点村的骆村，为了制订应急演练方案，项目实施方采取了参与式方法进行脆弱性分析、减灾预案编制、实地演练及针对当地社区的减灾能力建设培训等活动，骆村的灾害风险类型感知、未来灾害风险类型及脆弱性分析、降低灾害风险的衍生风险行为选择等方面的感知水平有所提高。因此，在中小型灾害频发的武陵山区贫困村，其灾害风险感知更多侧重于过去经验的总结，而骆村在外界干预下更多地指向未来及制约因素。不同人群的灾害风险感知能力是不同的。根据学者研究结论：农村青年人群的感知能力要高于其他年龄阶段人群，文盲、初中及小学层次的群体是不同文化层次群体感知能力最差的（李景宜、周旗、严瑞，2002）。对样本农户的调查统计显示，初中以下的比例高达90%以上。我们的调查是在暑期开展的，这一时期基本上属于农闲季节，是外出务工人员规模最大的时间段，由此贫困村留守人员的感知能力相对其他人群相对较低。根据UNDP"'汶川地震灾后重建暨灾害风险管理计划'评估项目"调查发现，汶川地震灾区贫困村农民的受教育水平基本上与武陵山区是一致的，但对灾害的感知水平明显高于武陵山区样本调查结果（通过相关问题的填答率进行对比）。

2."理解"灾害风险

在不同的知识体系中，如何理解灾害风险是不同的。在没有外界剧烈强力干预下的武陵山区，可能由于该地域是少数民族聚集区，地方性知识较为丰富。在该区域居住的苗族与土家族，特别是相对偏远的村落灾害风险被认为是违反禁忌的惩罚，存在着"万物有灵"的观念性知识，并对有可能带来灾害的外在物体有着崇拜、感恩及恐惧的观念存在，在此基础上形成了一套日常生活的禁忌，认为如何对待生态环境决定着人的福祸分布。笔者通过在汶川地震灾区贫困村骆村的田野调查经历，发现该村对"地震"（汶川地震）的理解很简单，很多人告诉笔者在感知到天地异常时第一判断就是地震来了，他们曾经在20世纪70年代经历了一次地震，尽管他们很害怕，但并没有进行神秘、宗教般解读。武陵山区贫困村的这种传统文化观念从根本上说是一种对自然控制能力较低情况下萌生的灾害理解思想。在现代化进程中，贫困村的农户对灾害风险的认知趋于正面，不再以原始的宗教观理解灾害风险，恰恰是韦伯所说"祛魅"的体现。

按照此标准，汶川地震贫困村理解灾害风险较之于武陵山区更为现代。

　　3. 测度与应对灾害风险

　　无论在武陵山区还是汶川地震灾区的贫困村，很多农户都有观察天象预知灾害的经验，从凌乱的事件中寻找规律。越偏远封闭的贫困村原始性的宗教仪式、集体性避灾活动如图腾崇拜、特殊性节日等民俗活动存在越多，测度灾害风险的方式越传统。在武陵山区不少贫困村，宗教仪式祈求平安活动仍然存在，民众通过对长期气象观察与总结形成了独特的辨别自然灾害的本土知识，并掌握了种植养殖规律来适应灾害风险分布特点，最为明显的就是自然历法，并依据这些知识判断具体的气候与选择种植养殖类型。另外，技术型知识还表现为在对生态环境脆弱性的技术如水土保持、套种间种技术、多样化种植模式、循环农业技术及独特的避灾设施修建技术等方面。

　　传统与现代与否取决于现代技术知识与手段的普及程度，即现代知识技术在贫困村社区灾害测度与应对方面的介入程度。而在汶川地震灾区试点贫困村，灾后恢复重建过程中实施了乡村环保工程并在项目选择时放弃了对环境污染严重、生态破坏大和资源消耗大的项目，项目活动不涉及自然保护区、水源地和文物保护区等敏感地区。规划设计中，在充分考虑改善贫困农户生产生存条件的同时，十分关注环境保护和生态环境的改善，促进了农业生产体系与生态环境的持续协调发展。近几年来，国家开展的"退耕还林"工程，已经深入人心，贫困村农户也认为这几年的保持水土和改善生态的努力成效比较明显。土地的减少使得不少人出去打工，相应的补贴和外出务工补贴使农户生计受灾害风险的影响日益降低，贫困的脆弱性有所缓解。

二　多元主体互动下的贫困村灾害风险利用

　　从经济学视野来看风险与收益几乎是成正比的，如果把此观念引入贫困与灾害风险研究解释范畴之内，似乎是不可思议的，毕竟灾害风险是致贫的因素之一。特别是对贫困地区及贫困村社区，灾害风险与贫困发生及返贫现象密切相关。但是笔者在调查中，在乡村政治运作体系中灾害风险有着可利用的空间。

2010年8月笔者在陕南骆村田野调查时，由于调查实施借用当地的行政机制，到达当日就被当地乡村干部领到骆村，查看灾情，希望笔者能把当地灾害反映上去得到救助或救济。在此后的田野调查中，此类现象多次在乡村发生，只要有上级人员到达乡村都会经历与笔者相似的经历。

自然灾害虽然可怕，关键是如何报灾，上级重视了就会拨付大量救济资金，不要认为是丑事，否则什么都没有。

> 2010年8月25日陕南汉中骆村干部TYZ访谈笔录
>
> （田野调查笔录）

如何报灾确实是个很大的学问，"如实上报"是基本底线，但在现实之中如何叙事是至关重要的。笔者索取到一份骆村当地镇政府上报给上级的《骆村7·23洪水受灾情况统计表》原始草案中，关于灾害损失金额、房屋倒塌、受灾耕地面积等受灾情况略有增加，最终在镇政府的汇总表格中有所增加。对比发现，增加的部分大多为无法彻底核实、查清的损失，由于我国灾情统计是自上而下的，上级不可能一五一十地核查清楚，况且很多东西是无法核实的，地方政府调整灾害的目的在有关文件最后的请求中体现得淋漓尽致。

1. 及时拨付救灾款物，确保受灾群众有房住、有粮吃、有衣穿。
2. 将受损的供电供水、道路交通等基础设施建设列入灾后恢复重建规划，力争早日立项实施。
3. 我镇主导产业袋料香菇受损严重，请求给予资金救助，力争在短时间内达到灾前水平。
4. 我镇集中安置点防洪措施普遍滞后，继续维修改造，请求给予资金、物资、项目支持，健全完善防洪设施，提高防洪御洪能力。
5. 安广后街地质滑坡点治理未结束，仍存在较大的安全隐患。请求相关部门协助，加大滑坡点治理力度，把地质灾害隐患消灭在萌芽状态。
6. 为保证防汛抢险道路畅通，镇上用于应急抢险资金已达9万元，因镇上财力有限，请求给予补助。

——摘自安广镇政府的文件：《陕南安广镇7·23洪水受灾情况及请求》

其实，县级政府也知道这种情况的存在，一般都是"按比例砍掉"，然后进行相应支持。这种信息传递与资源下移在不同层级政府间沿着"自下而上"和"自上而下"路径来回流动。对于贫困村乃至贫困地区来讲，基层政府及村两委财力十分有限，依靠"转移支付"的吃饭财政的关键在于争取上级的项目支持与资金支持，所以地方政府也会默认这一做法，否则就像武陵山区很多贫困村社区中小型灾害发生之后无所作为一样，灾害风险应对是无能为力的。

如何报灾不仅仅在于灾害损失本身，更在于内外互动的格局。在陕南骆村，当地人认为刚开始当地政府并没有如实上报本地灾情，被国家和媒体所忽略（后来离汶川地震重灾区青川仅几十公里的陕南灾区被国家和媒体所注意）导致后来国家支持力度不足四川。在后期的灾后重建中，国家、社会组织等外界主体对骆村大力支持，甚至超过了地震损失。"至少前进了三十年"是当地形容变化的流行话语，也就是说并不仅仅是"恢复"而是"前进"了。对于灾区的有请必应本身是国家的职能所在，也是公益组织的行动目标，但"如何核灾？"从而将资源有效分配确实是一个严肃的问题。

乡村干部更是明白，"积极、乐观地灾民形象"更能博得同情与支持，于是积极引导开展生产自救便带有了"秀"的味道。后来笔者在武陵山区的重庆元村也发现这一现象，村两委及地方政府对灾害上报非常积极，反映灾害损失及面临的困难、问题，争取补助和救济，这既是村干部的本职工作，也是乡镇考察干部的重要指标，其目标在于利用灾害争取上级资源。具体而言，问题反映上去都能够得到回应，"报忧"尤其是报灾、报险已经成为贫困村乃至乡镇、县级向上争取资金、物质及政策等资源的重要手段，其原因在于外界主体在有求必应资源输入的同时，无法掌握真正的灾情信息，根源则与贫困地区转移支付财政密切相关。

三 资源整合之下的降低灾害风险实践

在贵州印江孟村，由于村子坐落在山坡上，面临滑坡危险，村庄道路陡峭狭窄，尤其是到了雨季，全部雨水要从村内流过，对房屋地基渗透和冲刷比较严重，村内房子随时有倒塌和滑落的危险。

> 我们是又怕天干，又怕水旱。随便落点雨，山上出水的地方把那点沙沙就冲没得了。风调雨顺还算可以。我们村坐落在滑坡地上，很危险。村子要想改变这种状况却十分困难，主要问题是没钱，如果靠村民慢慢修建各种保坎式道路和排水系统，至少要等 20 年。在政府整村推进扶贫政策推动下，我们去年一年就完成了全部工程，彻底改善村庄的安全问题。后来又推广双龙除害种植方法，政府引导提供技术和品种，提高了产量，农业技术确实带来了好处。另外修建了灌溉设施，扩大了浇灌面积，防旱能力大大提升，提高了收入。

2010 年 11 月 29 日贵州印江孟村村支书 WYJ 访谈录（避灾农业项目）

在孟村，整村推进是村民心目中近年来发生的重大事情，内容包括人畜饮水（自来水）、农业浇灌（水渠、塘堰等）、村组道路修建和排水系统及农业种植结构调整（种植魔芋），有效降低了贫困村社区及农户应对灾害风险脆弱性。在陕西骆村也是如此，该村在 20 世纪 80 年代深受风沙困扰，农作物经常被沙埋住，一年四季要种好几次庄稼。后来政府推行退耕还林，实施天保工程，风沙才被控制住。

由此发现，在没有政府强力干预的情况下，贫困村降低灾害风险的努力是个体化、私人化和实用主义化，且效果是缓慢的。孟村的整村推进及其他扶贫项目是村庄公共设施与社区发展的最主要资源来源，基本上满足了贫困村社区的最迫切的需求。骆村的退耕还林及汶川地震后UNDP 项目试点，都通过强大的资源输入和完善的支持体系降低了社区的灾害风险。这些政策是特殊的社会政策，都借助于自上而下的方式。还在第三、四章的研究中已经得到验证。但在中小型灾害频发的武陵山区，降低灾害风险实践更多的是依赖于内部努力，特殊的社会政策供给是不足的，贫困村社区降低风险的实践更多地受制于社区资源动员与整合能力，而调查显示武陵山区资源整合力非常有效，实践活动更多发生在农户家庭层面，且不同经济类型的农户是否采取实践活动差异十分明显，不同农户的灾害风险经济变得更加个体化和复杂化。而在汶川地震这样的巨灾事件中，灾害风险的适应是外部的，更多的是国家责任及道义的体现，更是各种外界组织的公益表达。

孟村与骆村的案例告诉我们：在外界干预无力的时候，灾害风险适应的主体从国家（政府）转变为了农户，其降低灾害风险的努力效果是微弱的，具体行为是个体化的，只有将灾害风险降低实践外部化才能从根本上得以实现与巩固。因此，外部推动力和内部驱动力是相辅相成的，没有外部推动力即没有内部驱动力产生的可能，而如果没有内部驱动力的话则没有参与的必要。二者缺一不可，两者的共同作用，形成了骆村降低灾害风险的动力源，也是孟村此类贫困村今后努力的方向。

第二节　贫困村生产生活中的灾害风险适应

如果从灾害学看灾害事件，不同灾害事件间可能存在相互关系。如果从贫困村社区日常生活的角度来看，灾害事件是孤立的，偶发于日常生活之中，却被时间序列串起来并深深嵌入至日常生活之中。长期以来，贫困村农户生产生活已经将灾害风险的不确定性囊括其中，适应灾害风险是贫困村社区长期扎根于现有地理空间的重要因素，并在经济、文化与社区秩序结构方面有着具体的呈现。

一　贫困村社区灾害适应的文化表现

一个社区乃至社会能够存在并繁荣本身就是适应的结果，社会能够自如地、快速地应对变化被视为具有高度的适应能力或有能力适应，并会生成一种独特的灾害风险文化。与其说，贫困村社区生活在一个真实存在的风险社区之中，倒不如说生活在一种不断建构的风险文化之中，与灾害风险不同的，灾害风险文化更多的是群体灾害风险适应在文化上的反映。由此可见，灾害风险文化不仅包含着灾害风险认知也包括决定性判断及行为选择。

1. 灾害认知

心理适应是由认知调节、态度转变和行为选择等环节构成的动态过程，它是主体对环境变化所做出的一种反应，也是最终通过同化与顺应重建内心平衡的动态变化过程（贾晓波，2001）。灾害的心理适应是主体逐渐改变灾害认知、对灾害的态度与行为选择的过程，从而构建出积极的、乐观的心理世界。

不同人群的灾害风险感知能力是不同的，农村是居住环境特征类型中感知能力较强的区域（李景宜、周旗、严瑞，2002）。据调查显示，贫困社区农户对灾害风险有着很强的认知，而且评价较为负面和消极。在贫困社区，尤其居民文化水平低，常以神话、触犯禁忌等神秘的价值观理解灾害。在长期的国家气象知识及自然灾害知识普及下，贫困社区农户的认知逐渐科学化。在汶川地震抗震救灾阶段，媒体及专业人士进行了科学、系统的讲解，并对如何应对各种相继而来的风险进行了干预，他们的观念与行为影响着村民的群体心理，村民的灾害无助感和对未来生活的担心逐渐消失。这种全方位的认知帮扶效果是非常明显的，改变着贫困社区的灾害认知。

2. "追求平安"的生活态度

一般意义上，大多贫困社区自然条件相对比较恶劣，灾害发生率比较高，对生产生活影响比较大。"渴望稳定、平安是福"等生活期盼中本身就包含着对灾害风险的文化适应，表现为：（1）禁忌与宗教式仪式。在日常生活中，无论是婚丧还是日常行为方式，贫困村都有着很多的禁忌和宗教性文化。比如，在当地苗族认为人的生命在孕育、诞生、生长、发育、成熟、衰老、最后死亡过程中，随时随地都有可能遭遇各种灾害风险的袭击，关于婚育的宗教仪式与禁忌在当地人眼中是应对灾害风险不确定性的手段。还有一些就是佑护和降福的仪式，宗教性的仪式与禁忌在一定范围内能消除面对灾害风险的不安、焦虑等不良情绪，增强贫困人群生活和应对灾害风险的信心，农户参与其中就是为了追求平安。因此，灾害风险密集分布的区域宗教及宗教性的仪式和禁忌越多。（2）坚守"传统"。长期经过日常生活检验而形成的"传统"（包括思维、行为等方面）被视为最安全的行为模式。在汶川地震灾区贫困村骆村，尽管在外界援助下引进了新品种、新技术及成立了新的社区组织（互助基金协会、生产合作社），但农户参与其中的积极性并不高，要通过大户示范的形式才能推广开来，这种情况在产业扶贫项目实施也经常遇见。从中我们似乎看到贫困村存在着"怀疑一切"的思维方式，"疑虑"未能被有效"清除"，社区仍会遵照传统进行生产生活。（3）追求平安的思想。在日常生活中，除了各种仪式性的活动和文化禁忌外，还有表现为追求风调雨顺、五谷丰登等内容追求平安思想到处可见，吉祥物的悬挂、带有祈祷味道的对联、相互祝福平安的行为等都是具体的表现。

3. 态度转变与行为选择

在汶川地震发生后，在强烈的外界关注下，贫困社区及成员对灾害的态度开始由原来的排斥向接纳转变和从恐惧向利用转变。利用灾害来争取外界资源，积极开展抢收抢种、调整农业结构、采用新技术等进行生产自救也是灾害心理逐渐适应的表现。态度的转变和行为选择的积极倾向源自于对未来生活的信心，信心来自我国有效的灾害救助体系及灾后恢复重建的能力。在汶川地震灾区贫困村，"内外互动"的紧急救援模式使得贫困村社区及农户的自救能力得到很大提升，调研发现，村民对地震、洪水等灾害风险的恐惧程度都有不同程度的下降。从上文武陵山区贫困村在灾害风险规避、应急措施采取及效果来看，政府、市场与社会没有太多地对灾害风险进行干预，已有干预措施效果不好，社区及农户的态度转变与行为选择较为消极。

二　贫困村社区灾害风险适应的经济表现

农民的灾害意识很强，灾害风险所致的安全意识使得农民对农业的态度是"爱与怕"的，农业是农民的安身基础也是灾害风险之所在，多样化策略和"坚守传统"的策略是贫困社区灾害适应的经济表现，生计安全第一是贫困社区灾害适应的经济追求，表现为灾害风险的可控与最小，因此在贫困社区更多地表现为追求短期、风险可控的利益行为。

1. 农业生产"内卷化"

　　烟农现在种烟积极性不高，烟区面积逐渐萎缩。原因在于：第一，打工潮，年轻劳力外出，留守老人多；第二，分散种植，抵抗自然灾害的能力差。防范措施，打炮，因为分散种植，所以打得了东边打不了西边；病虫害统防统治不落实；第三，抵抗自然灾害，风灾、冰雹的能力差。

2011 年 7 月 26 日湖北恩施建丰县部门座谈会笔录

（避灾农业项目）

　　这段来自政府部门座谈会的笔录道出了农业结构调整的难度：（1）外出务工，留守人员更为"传统"；（2）分散种植导致灾害风险应对效果差；（3）避灾效果差。可以假定长此以往，长期地固守传统，农业生产无法拓展，农户只能将劳动力投入到传统农业类型之中，这就是戈登威泽和格尔茨所说的"内卷化"："系统在外部扩张条件受到严格限定的条件下，内部不断精细化和复杂化的过程"[1]。

　　我们知道，武陵山区是中小型灾害风险分布较为密集的地区，社区及农户层面的巨灾由于灾害程度低、范围狭小而未引起国家应有的重视，灾害风险规避、转移与应急更多的是农户行为。资源短缺、关注不足使得农户经济行为依赖于风险分布。农业生产的多样化策略就是其"安全第一"灾害风险文化的具体体现。为了保证"生存"的可持续性，贫困村农户往往牺牲"未来"来保存"现在"。尽管在汶川地震灾区试点贫困村，技术理性在贫困村扶贫开发中得到张扬，灾害风险应对新模式得以实践，其新技术与新品种推广同样困难重重。两种不同类型的灾害风险（中小型灾害、巨灾），两种不同的应急与灾后恢复模式都对农业生产的内卷化进行干预。基础设施和技术服务供给力度不同，干预效果是不同的。武陵山区样本贫困村缺乏相应的资源输入，产业结构调整与新技术推广存有障碍，无法将农业向外延扩展，致使劳动力不断填充到传统作物之中并不断地精细化，这就是为什么调查结果发现农户在事前事后应急都较多地采取

---

[1]　刘世定、邱泽奇：《"内卷化"概念辨析》，《社会学研究》2004 年第 5 期。

"加强田间管理"的措施的原因。

2. 生计维持的"非农化"

贫困村社会化小农现象十分突出，这一现象在武陵山区贫困村和"汶川地震"灾区贫困村都很明显，主要表现在其消费开支的多元化和外部化。较为脆弱的农业生产无法满足农户现金开支的需求，在灾害风险无法有效规避的情况下，家庭生计的维持只能外部化，不断拓展生计来源，如打工、养殖及家庭副业。外出务工的灾害风险应对能力最强、收益最为稳定而成为农户的首选。在湘西井村，1999 年发生了一场持续四年的旱灾，当年外出打工的人数激增。还有的村民通过养殖和灌溉等方式抵御自然灾害，使得自然灾害对整体的贫困状况影响不大。在这一年，为了养家糊口，不少原来没有出去打工的人也走出了家门，有的人在外打工则把妻子儿女接了出去，随后打工便成为一种潮流。这是不是说贫困村社区灾害风险适应能力增强，非农化比率就会降低呢？并非如此，社区灾害风险管理模式在陕南骆村的实施，其住房、农业生产及环保事业等都是高标准要求的，适应灾害风险能力大大提高，但由于成本高，农户为了适应外部要求而举债应对，迫使不少农户外出务工来增加现金收入，以降低贫困风险的可能性。

三　贫困村社区灾害风险适应的社会表现

从灾害风险规避与转移的乡土实践和不同等级灾害风险应急实践来看，无论是贫困村社区还是农户对灾害风险应对是非常屡弱的。社区、农户都在寻求援助，将灾害风险规避、应急及管理的代价转移出去，差异之处则源于依赖对象不同。

1. 农户对社区依赖

从前文论述中，武陵山区贫困村家庭经济条件不同的农户在应对灾害风险时是不同的，都渴望社区能统一行动，来改变单一农户能力的不足。汶川地震灾区 UNDP 项目试点村更是立足于社区整体开展灾后应急和灾害风险管理工作，这一模式同样期待社区整体能充分发挥其效力。贫困村集体经济实力弱化，客观上限制了社区的可行动能力，这样社区就承担着引入外界资源的责任。因此，无论是社区灾害风险适应还是依赖外界都需要发挥社区的职责。另外贫困村社区承担着社会政策微观实施责任，弱势群体如贫困户、妇女、老人及儿童的临时救济也必须由社区来统一安排，以应对灾害风险冲击造成弱势群体生计的难以维持。因此，不同形式下所塑造的灾害风险适应都对社区整体有着很强的依赖。

2. 农户对社会关系依赖

在贫困村社区内部，灾害风险所致生计困难往往采取社会关系网资源统筹的方式来予以应对。无论是网内统筹还是消费平滑策略都强化了农户对社会关系网的依赖。在村落社会中，社会关系网更多的是熟人关系网，它是农户应对灾害风险的主要依赖。强依赖特点在武陵山区贫困村社区由于外界资源输入不足体现十分明显。同样，尽管在外界强大干预下，汶川地震灾区贫困村扶贫开发、灾后重建与灾害风险管理三重任务的交织，在"三年重建两年完成"任务要求下，资源同样供给不足，社会关系依赖更为明显。从表6—1可以看出，汶川地震农户欠款比例更高，欠款平均为4万多元，相对于武陵山区贫困村户均1.5万元是较多的。从来源上看，亲属朋友是最多的欠款来源，信用社贷款是农户借款的主要来源，这样对社会关系网的依赖并没有降低反而强化了。另外在重大灾害应急方面，骆村的社区内部互助，提高了社区关联度，社区共同体的凝聚力和整合力有了很大提高，这也是农户之间的相互依赖的表现。

表6—1　　　　　汶川地震贫困村之骆村农户欠款情况

欠款来源	亲友处借款额	信用社/银行借款额	互助资金等借款额	其他渠道借款额	总计
抽样调查农户数量（个）	143	143	143	143	143
均值（元）	14337	27084	70	441	41932
最小值（元）	0	0	0	0	0
最大值（元）	60000.00	130000.00	5000.00	30000.00	170000

3. 社区及农户的外部依赖

> 集体意识不强，公益事业没人搞，没有集体经济，没有公共的钱全靠政府，每家都想自己的事，集体经济垮了，集体观念没有了，喊群众投钱是不可能的事，他们只想着自己，比如修沟、修坝、修路，他自己享受不到的，就不干。
>
> 2011 年 7 月 29 日重庆元村村干部 PXT 访谈笔录（连片开发项目）

元村是重庆黔江区的一个贫困村，从 2007 年开始实施整村推进，工作得到重庆市委领导的高度重视，先后投入 1100 多万元，是当地重点打造的明星村、典型村，同处一个乡镇的贫困村高村，整村推进投入资金才150 万元。在外界强大的干预之下，兴建的基础设施（水渠、自来水、道路）后续管理问题非常突出，在 2011 年笔者调研期间，村民反映自来水已经停水 20 多天，乡镇让村里自己修，村里组织不起来，村干部 PXT 在访谈中谈及此事说出了其中的苦衷：集体意识的淡漠和社区团结的衰落是制约农村发展的一个重要障碍，村落公共资源的空缺是贫困村灾害风险应对的主要困难。

在农户层面，武陵山区传统灾害风险适应模式有着较强的社会关系依赖，这是其网络内统筹和消费平滑策略的主要社会结构依赖，对国家等外界主体给予厚望。在社区层面，贫困村社区无资源、弱组织、技术匮乏，社会支持系统不完善，无法构建起现代"技术—组织"灾害风险应对体系，对国家有着高度依赖。尽管以骆村为代表的汶川地震 UNDP 项目试点村，在外界干预下，资源系统与社会支持系统都被有效建立起来，农户层面的消费平滑策略与网络内统筹策略的结构依赖范围更为广泛，除了农户的社会关系网络外，市场（信用社）、社会（社会组织如 UNDP、香港乐施会、高校等）和国家成为其主要的依赖主体，在这些撤出之后，试点村呈现出了难以支持新模式运转的难题，如环保设施的维护、环卫的具体运行、新技术和新品种的推广、应急演练的再组织等都需要在外界干预下才能实现良性运行，同样表现出了较强的外部依赖。

综合来看，无论是汶川地震灾害试点贫困村新的灾害风险应对体系的介入，还是武陵山区传统的、常规的灾害应对方式，二者对灾害风险的认知及接受程度特别是利用灾害风险的形式是不同的。常规、传统、个体、零散是武陵山区接受灾害风险、利用灾害风险及规避等手段的总体特征，以骆村为代表的汶川地震灾区"灾害风险管理"模式试点贫困村，其应对接受与利用灾害风险的程度形式比较多元、程度较高，是一种体系化、组织化、社区化及国家化的适应方式。但二者都表现出了一致性的事实：农户有家庭之外的社会组织强依赖，社区对外界组织结构的高强度依赖。"依赖"是贫困村社区自身主体地位丧失的表现，是社会结构的一种失衡，难道"贫困村社区"真的是扶不起的阿斗吗？

第三节　灾害风险适应与贫困村社区"秩序"与"进步"

"秩序"与"进步"是社会学鼻祖孔德实证社会学的两大主题，正如法国社会学家雷蒙·阿隆所说，在孔德实证主义的大旗上赫然写着"秩序"和"进步"这两个词。[①] 孔德在《社会动力学》与《社会静力学》两本书中做出了专门的论述，在他看来，社会秩序是社会关系与社会结构的表现，社会进步则指向了社会的发展与进化，后来社会秩序与社会进步成为社会学经典命题。那么，灾害风险是如何嵌入社区的"秩序"与"进步"之中的呢？在此仅作探索。

一　灾害风险适应与贫困社区秩序

贫困村社区的整体特点是贫困，贫困村村落基本是一个短缺的村落社会。在很多学者眼中，贫困的特征被描述为："创业冲动微弱，易于满足；风险承受能力较低，不能抵御较大困难和挫折，不愿冒险；生产与生活中的独立性、主动性较差，有较重的依赖思想和听天由命的观念；难以打破传统和习惯，接受新的生产、生活方式以及大多数新事物、新现象；

---

① 　［法］雷蒙·阿隆：《社会学主要思潮》，葛志强等译，上海译文出版社 2005 年版，第 71页。

追求新经历、新体验的精神较差,安于现状,乐于守成。"① 我们似乎看到了一个固守传统、难以前进的群体形象,这段话语肯定来自外界主体"他者"眼光下的事实,其中包含着对贫困人群独立、自由、乐观、积极、创新等精神的渴望,不过这些词基本都是现代社会对"合格公民"的界定。此段形象表达基本上符合前文所归纳的"灾害风险之下的农户形象",姑且认为这种描述是符合现实的,就此进行解读。

在"易于满足、不愿冒险、依赖、听天由命、难以打破传统、安于现状和乐于守成"词语前面,"风险承受能力差"是所有词语的最好注解。包括灾害风险在内的风险都以不确定性出现在贫困村社区之内,"不确定"事项太多会给个体或人群以无可奈何、难以主宰自我的心理感觉,在没有强大现代"技术—组织"灾害风险应对方式援助下,"恐慌"与"迷茫"的消解只能从"现状"、"传统"客观事实及"守成"、"听天由命"等行为方式中获取答案。毕竟贫困村社区对现状与传统较为熟知,且可以从"过去"中寻找规律,而指向"未来"的创新、冒险、新颖是更加难以把握的,因为风险何时到来、损失多少是不确定的。

为了适应灾害风险,贫困村社区及农户的关系大多是血缘关系与地缘关系叠加在一起,这样就使得灾害风险应对的熟人化、共同体。前文第二章研究也发现,灾害风险在很大程度上塑造了社会结构,这种社会结构恰恰是灾害风险适应的结果,这种结构避免了群体间的冲突,增加了团结和相互依赖的程度。"易于满足、不愿冒险、依赖、听天由命、难以打破传统、安于现状和乐于守成",更多来自自我的情感意志。贫困村社区对灾害风险的认知与理解及接受风险的形式,更多取决于农民的情感意志。无论是汶川地震灾区试点贫困村还是武陵山区贫困村,农户的行为基本为"皆由心生"。

> 我们这村民喜欢藏粮食,就是为了年景不好。
> 2011 年 7 月 29 日重庆元村村民 LSJ 访谈笔录(连片开发项目)

在传统与现状中,社区层面和农户层面有着诸多的地方性知识来应对与适应灾害风险,农业生产、生计维持与日常生活的展开似乎都为了应对

---

① 王小强、白南风:《富饶的贫困》,四川人民出版社 1986 年版,第 59 页。

"不确定性"。在调研中发现不少农户储藏粮食和资源来避免"万一有事"，而在人情往来中，"谁家没有事呢"是主导农户勉强支持相互往来的主要逻辑，"有事"在农户看来更多的是天灾人祸及生计困难，"何时有事"农户并不知晓，存在于未来的时空之中。由此可见，安全第一本能欲望与畏惧不确定性的情感意志主宰了贫困村社区的日常生活及社会结构，情感意志与本能欲望决定了社会秩序的特点。

贝克认为，在上帝之城消失以及宗教被祛魅之后，自然对于人类社会意味着一种决定性的必然性，传统就成为了为现存社会秩序的"规律性"进行论证的依据。"在风险社会中，不明的和无法预料的后果成为历史和社会的主宰性力量。"[①] 在灾害风险频发的贫困村社区，社区及农户应对灾害风险的不确定性均坚持保守的态度，在力所能及的范围综合考量自身资源拥有、现有支持系统及效率情况等因素，进而选择较为合理的行为，来降低灾害风险决策错误发生率，减少了次生生计风险和秩序失范风险，稳定了社会秩序，保持了社区秩序的有序化。

二　灾害风险适应与贫困村社区进步

读完"灾害风险与秩序的关系论述"，似乎有种感觉："贫困村社区是不可能有所进步的"，但是较长的历史时期中贫困村社区确实在不断进步。灾害风险适应与社区进步同样有着密切的关系。

甘肃文村，汶川地震重灾区的一个贫困村，位于甘肃陇南。村民为我们讲述了当地推行新技术的案例：

> 1999年乡政府来村里推广地膜种植，给村民发了种子、化肥和地膜，当时有一半的人领了种子、化肥和地膜，但没有进行地膜种植。我搞了两亩田实验，地膜种植效益是很显著的，但后来失利了。第二年乡里推广项目结束，我还想继续种植，希望在乡里能得到一些帮助，给些种子、地膜，但是没有满足。因为地膜种植投入比较高，这里的人不相信科学，对科学认识不足，麻木得很，地膜种植下的苦

---

① ［德］乌尔里希·贝克：《风险社会》，何博闻译，译林出版社2004年版，第20页。

大，需要深耕细作，大多数村民都吃不了苦。

2010 年 7 月 25 日甘肃陇南文村村民访谈笔录（UNDP 评估项目）

在干旱地区农业生产过程中，地膜种植技术由于保墒、保温、高产、效益好等优势受到农民和广大农技人员的青睐。在文村，20 世纪 90 年代相关技术推广却得不到农户的信任，资金、劳动力投入高，周期性项目长、有效技术服务体系的缺失是新技术推广失败的原因。尽管访谈对象用"不相信科学、吃不了苦、麻木"来形容农户对新技术推广的态度，恰恰这种不信任和麻木的态度就是源自对投入、收益和项目本身及技术服务体系等因素的综合考虑。也许访谈对象在新的技术推广项目参与方面会同样变得麻木和不相信，这种态度的产生恰恰源自理性农户的考虑：理性人的选择一方面考虑风险，另一方面考虑利益。

在湘西井村，干旱是该村的主要灾害类型，政府在产业扶贫项目设计时，曾经以甘蔗为农民收入的突破口，因为干旱对甘蔗的影响比对水稻的影响小得多，且更容易种植，结果甘蔗被大面积推广，并成为当地社区一个支柱产业。在重庆黔江区扶贫开发项目的设计都基本上以灾害风险为考虑因素，也获得了成功。

通过两个村发生的事情，我们可以发现，贫困人群也和其他人群一样，在"安全"本能欲望控制下想通过创新寻找更安全。人类所有探索性行为都可以归结为确定"不确定"的事项，寻求更大的安全，但是要把过程中的"不确定性"降至最低，贫困人群也是这样。农业结构调整，种植能避灾、适合市场需要的农业作物是扶贫开发提高农户收入的重要举措，但对农户来说，意味着生产传统抛弃和生产制度的转换，农户要进行知识的更新、习惯的抛弃和技术的革新，这些都需要一定的成本。但是贫困村农户的受教育程度偏低，对所谓的避灾农业是非常陌生的。所以农业产业结构调整对农户来讲不啻于一次巨大的经济变革，其要付出的成本与代价是巨大的，况且存在的诸多不确定性和传统的惯性，使得农民对新技术、新品种充满着怀疑和不信任，毕竟这些新品种、新技术无法与长期积累的知识和经验进行有效对接。另一方面，就是现代技术服务体系并没有有效渗入到贫困村社区之中。在产业扶贫中，由于项目的周期性，与之伴随的技术培训和知识支持也是短期的，项目一旦结束，技术支持系统就会撤离，外界信息渠道并不太畅通。贫困村农户更多地接触电视与广播，现代网络传播技术对于贫困村来说是失效的。在内容方面，研究表明"研究者发现，弱势群体的媒介接触频率较低，接触较多的是电视和广播，关注的内容不是新闻和时政内容，而是倾向于选择娱乐性内容"①。据笔者调查发现确实如此。在汶川地震灾区及武陵山区贫困村，由于信号问题，收听广播基本不太可能，卫星电视是农户了解外部信息的主要渠道。在陕南骆村村民能看到的 36 个电视节目，涉农的比例只有 4%，这样知识的贫乏导致农户对社会政策缺乏判别力，无法参与到现代灾害风险应对体系之中，长期的知识技术需求无法得到现代技术—组织系统的有效支持。一旦问题来临，贫困村新产业就会面临无法持续下去的问题，农户就会抛弃新技术与新品种，重新恢复到项目之前的状态之中。生产的革新只能在原有产业结构体系下完成。

我们来看另外一个事实：调查发现，富裕户更倾向于采取灾害风险应对措施。改革开放以后，农村经营方式的家庭化农户间社会分化日益明显，加上劳动力的转移，村庄内部的农户之间更多是以"原子化"呈现出来。与此同时，集体经济衰落，组织涣散和内部结构解体，贫困村社区不再是以整体来面对外部灾害风险。在调研中发现，在贫困村产业扶贫工作中，首先种植新作物和新品种的往往是富裕户。在访谈时发现，低收入农户更多地强调新作物、新技术与本地气候的不匹配和负面后果，而富裕户则强调这些作物与技术是如何适应本地气候。因此，相同的灾害风险对不同的农户所产生的适应性心理与行为是不同的，他们所采用的措施也是不同的。每个农户面对灾害风险的措施和能力是不同的，差异之处在于适应灾害风险的能力。"是否采取行动"及"如何采取行动"正是社区及农户对灾害风险的可能性评估及评估后的理性选择。富裕户适应风险的能力较强，经济条件较好，有充足的应对灾害风险的物资储备。技术一旦成熟，示范结束，风险可以控制，某一种新技术或品种随即被大批接受并得以推广。尽管过程缓慢，但毕竟实现了社区的进步。现代学者们所说的农村社区原子化现象也正是农户对包括灾害风险在内的各种风险适应能力大大提升的结果。"稳妥"、"缓慢"的社会变迁是贫困村社区进步的典型特

---

① 谢进川：《近十年来传媒与弱势群体研究的进展》，《中国出版》2010 年 10 月。

征，也是农村社会变迁的普遍特点。

　　"风险概念扭转了过去、现在与未来的关系，过去已经无力决定现在，其作为决定现在的经验和行动的原因的地位已经被未来所取代，也就说被一些尚不存在的、建构和虚构的东西所取代。"①"未来决定现在"是灾害风险适应后的结果，如何认知与判断未来的灾害风险直接决定了现在的行动，也间接决定了决定者的未来，贫困村社区及贫困人群对灾害风险的态度决定了贫困村的未来。

　　因此，如果社会政策的实施没有改变贫困村灾害风险及其由于适应所产生的心理和行动，所有的政策都是没有效果的，这是在运动化的产业扶贫项目实施结束后，贫困村农户会重新种植养殖传统生计项目的原因之一。在这种情况下，贫困村社区及农户对待自身资源的认知与行动就不会发生太多的改变，社区进步更难以实现。贫困村的可持续发展依赖于非农业，或者超出了地方性知识的解释范畴，才能赋予贫困村社区及农户更多的信心，改变他们的风险认知和应对行动，才能促使贫困村社区的长足发展。

---

　　① ［德］乌尔里希·贝克：《再谈风险社会：理论、政治与研究计划》，载［英］斯科特·拉什：《风险文化》，芭芭拉·亚当、乌尔里希·贝克、约斯特·房龙：《风险社会及其超越：社会理论的关键议题》，赵延东、马缨等译，北京出版社 2005 年版，第 325 页。

第七章

贫困村灾害风险应对模式创新

　　无论是本研究发现还是调研过程中所见到的汶川地震灾区贫困村现实，似乎都在讲述一个问题：灾害风险对贫困村的冲击是深远的，贫困村社区及农户应对灾害风险是无能为力的。贫困村其脆弱性与灾害风险应对本身就是相辅相成的两个方面，在社会政策方面来讲有着相互结合的需求。尽管国家所有有关"三农"的政策体系都有着反贫困和提高灾害风险应对能力的客观效果，但其普惠制的社会政策在针对性方面明显不足。开发式扶贫工作基本上以贫困地区和贫困村为主战场，其效果深受灾害风险的制约。有关部门开展的"社区防灾减灾示范工程"基本上要求社区有相应的能力开展此项工作，使得社区防灾减灾工作与贫困村社区的需求渐行渐远。汶川地震对贫困人群生计的冲击引起了国家及国际社会的关注，在国际社会援助下，"汶川地震灾后重建暨灾害风险管理计划"项目使贫困村的"扶贫开发"与"灾害风险管理"得以结合，在恢复重建、扶贫开发与风险管理相结合方面有所探索，开创了一个新模式。

第一节　贫困村灾害风险应对模式创新概况

　　汶川地震灾区是一个经济社会发展相对滞后与自然灾害高发频发双重因素叠加的西部地区。"受灾地域中60%属贫困地区，51个极重、重灾县中有贫困县43个，4834个贫困村，其中贫困家庭36万户约218.3万人。贫困人群脆弱性在这次地震中呈现十分明显，贫困发生率由灾前的30%

陡升至 60%。"① 基于现实的迫切需求下，以"人的可持续发展"为主要活动宗旨的联合国开发计划署与国家扶贫办、商务部等相关部门合作，启动了为期两年的"汶川地震灾后恢复重建暨灾害风险管理计划"项目（以下简称为 UNDP 项目），旨在实现防灾减灾与扶贫开发在贫困村社区层面的有效结合。

一　汶川地震"灾后恢复重建暨灾害风险管理"项目概况

汶川地震对贫困地区和贫困人口的发展造成了重创，首先是影响面大、程度深，受灾较为严重的县区中，84.3% 的县区为贫困县，11% 的人口为贫困人口，受灾的 4834 个贫困村中，贫困程度深、受灾重的贫困村占了 40%；其次是返贫率增加，农民纯收入由 2007 年的 1873 元锐减到千元以下，没有住房、没有生产生活资料和没有生活来源的农户大量增加，灾区贫困人口由 126 万人增加到 218 万人，其中四川因灾返贫人口为 58 万人，甘肃的返贫率达到 30%，如果没有外界救助与救济，贫困率将会继续攀升。地震中受损程度最大、抗风险能力最弱和持续陷入贫困的贫困村和贫困人口成为外界关注的目标。党和国家领导多次提出要将灾后重建与扶贫开发相结合，相关部门制定了《汶川地震贫困村灾后恢复重建总体规划》来确保财力、人力和物力向贫困村相对倾斜，加快贫困村的灾后重建与扶贫开发工作。

地震余震及次生灾害频发让贫困村的灾后重建和扶贫开发处于一种灾害风险弥补的情境之下，在重建规划和项目设计过程中将灾害风险视野纳入其中并进行灾害风险控制，提高贫困村的抗风险能力和降低脆弱性便成为一种迫切的工作，灾后重建、扶贫开发与灾害风险管理相结合便成为一种必然。灾后重建、扶贫开发和灾害风险管理是分属于不同领域的工作，由于相关研究的不足和经验的缺乏，三者如何相结合、项目如何设计和开展等对相关部门来讲是个严峻的挑战。2008 年 10 月，为了支持国务院扶贫办负责组织的贫困村灾后恢复重建，联合国开发计划

---

① 徐伟：《汶川地震对贫困的影响及其对灾害应急体系的启示》，载黄承伟、陆汉文主编《汶川地震灾后贫困村重建进程与挑战》，社会科学文献出版社 2011 年版，第 23—24 页。

署（UNDP）与商务部和国务院扶贫办联合签署了"汶川地震灾后恢复重建暨灾害风险管理项目"合作协议，通过资金支持、智力援助和经验引入等方式，在国际相关工作经验的基础上在贫困村进行三者结合的试点工作。

"试点"工作是国家责任、国际道义、社会公益和农户需求融合的产物，主体多元、内容复杂和目标多元，是一个系统工作。整个试点工作内容分为社区重建、生计和就业恢复、村落环境改善、清洁能源利用、妇女等弱势群体的心理、法律和创业支持、社区减灾能力等内容，以子项目的形式联合民政部、住房和城乡建设部、科技部、环保部等中央政府部门，四川、甘肃、陕西地方有关单位，中华全国妇女联合会、国际行动援助等社会组织、国际机构等，从而满足贫困村的多重需求。至 2010 年底，"汶川地震灾后恢复重建暨灾害风险管理计划"项目共投入 552 万美元。项目在四川、甘肃和陕西的 19 个灾区贫困村（项目原本计划在 26 个贫困村开展试点工作，但由于任务重、难度高而缩减为 19 个贫困村）展开。整个以项目为平台推动多部门合作和社会参与机制的形成，实现了国际经验本土化，通过探索早期恢复、灾害管理与减贫相结合的社区综合发展模式，尝试进行"更绿色、更美好"的灾后重建。整个项目实施以多部门合作与社会参与机制为平台，借助动员与协作机制，融合多方资源、多种经验智慧，以满足贫困村及贫困人群需求为目标，将国际先进理念和做法与本土实际相结合，强化社区建设，以可持续发展为追求，来促进贫困村防灾减灾／灾后重建与扶贫开发相结合。经过两年多的探索，在多方合作伙伴的努力下，UNDP 灾后早期恢复项目通过规划→实施→回顾→调整→推进→总结的全过程，在宏观政策、具体实践模式等不同层面都产出了大量创新成果，不仅惠及中国的重建及长远发展，也通过推动中国经验国际化丰富了全球的灾害风险管理知识库，为其他发展中国家应对巨灾与社区综合发展贡献了新的理念与实践经验。

二　贫困村灾害风险应对创新的基本内容

在本书前文提到，灾害风险管理与灾害风险应对有着不同的含义，也涉及不同的主体。灾害风险管理是"基于鉴别、分析、评估、处置、监测和评价风险基础之上的管理政策、程序和实践的综合应用"①，突出强调正式性和综合性，通过法律、行政、技术、教育与工程等手段对灾害风险进行人为控制，旨在寻求找出导致灾害的根源，并采取应对措施加以预防和控制。灾害风险应对是灾害风险管理的处置环节，是采取各种措施来降低损失的努力，其所包含的范畴小于灾害风险管理，侧重于应对因风险可能出现的情况，其科学性、制度性程度不如管理。UNDP 项目通过对灾害风险的鉴别、分析、评估、处置、监测和评价实现了灾害风险应对的模式创新。

1. 灾害风险应对的内容创新

（1）灾害风险规避模式的创新。住房重建是灾后恢复重建工作的重中之重。在住房重建方面，UNDP 项目不仅关注了农房的重建与维修的技术，更加注重倡导在重建过程中将当地生态、地理、社会和文化环境等考虑进来，在建材、修建方法等方面推行绿色环保重建，推动了抗震技术和绿色环保建筑材料的使用。在生活过程中，可再生能源如沼气、太阳能等得到推广，环卫设施得到修建和建筑垃圾有所回收，农户生活中的环保意识有所提高。在生产环节中，契合当地环境的新品种和新技术得到推广应用，将低碳、环保等理念引入恢复重建工作中，因地制宜地制定出桑蚕养兔、种植核桃等环保高效的产业，极大促进了地区经济的科学发展。UN-DP 项目实现了灾害风险规避的生产生活化，旨在推动环境保护的日常化和习惯化。

（2）灾害风险应急模式的创新。在 UNDP 推动下，国家有关部门开展了"农村社区减灾模式研究项目"。通过参与式方法进行风险认知、评价和脆弱性分析的实地调研。在实地调研成果基础上，项目结合当地社区特点开展乡村干部及村民备灾减灾培训，培育乡村社区精英，采用参与式方法鼓励当地社区和民众制定出融合本土防灾智慧的社区减灾应急预案，并据此在两个村庄进行实地应急演练，进而总结出适合贫困村的灾害风险应急模式。单靠单一农户的力量，灾害风险应急是无法完成的，必须依靠社区的集体行动。美国学者布莱恩·斯科姆斯在《猎鹿与社会结构的进化》一书中认为：人们为什么合作，为什么能产生集体行动，取决于合

---

① 亚洲备灾中心：《灾害管理章程》，2003 年。

作与社会结构的共同进化，取决于位置（与相邻的人之间的互动）、信号及联合（形成社会网络）等多个因素影响。UNDP项目应急演练，旨在提高社区农户对风险信号的认知、推动农户之间的互动合作，从而形成灾害风险应急的社区共同体。通过能力培训、社区精英培育和应急社会网络的形成，实现社区的重构。

（3）灾害风险适应模式的改造。2009年3月23日至28日，全国妇联组织试点村所在的乡/镇、县、市、省级妇联主要工作人员和试点村的妇女干部与妇女代表参加了在四川省德阳市举办的参与式脆弱性分析深度培训会，讲授参与式农村快速评估的类型和方法，提高了社区弱势群体参与式脆弱性分析的能力，改变社区农户对灾害风险的认知，促发积极行为。同时，针对贫困村资源环境脆弱、生计基础薄弱、生产结构单一、缺乏足够能力发展多样化生产、防灾减灾及灾后重建的能力较低等共性挑战，灾害风险应对模式创新实践通过生计援助，扩大贫困村产业类型，推动地方发展循环式产业链，尝试中国农村地区的低碳经济发展模式，避免农业生产的内卷化。另外，还开展劳动力转移培训，推动劳务经济的发展。

2. 灾害风险应对机制创新

（1）贫困村社区灾害风险管理机制的构建。在项目实施过程中，子项目并非在19个贫困村全部实施，而是带有很强的区域特征和地方差异性，比如说社区灾害应急演练活动选择了骆村和四川省广元马口村。同时强调灾害风险管理不是单一部门职能问题，动员了民政部、国家减灾委办公室、联合国驻华机构灾害管理小组、大学和科研机构、贫困村社区、社会团体和企业及地方民政救灾系统共同参与。在灾害风险管理体制中，构建了多方自由协作流动的合作模式，其中以贫困村社区干部和村民为主体，并针对社区干部进行了减灾与应急处置能力培训。在此基础上，灾害风险评价、脆弱性分析、灾害风险管理大纲制定、应急预案等内容都依托于社区基层领导机构。由此可见，外界主体干预只是资源输入、知识理念支持和能力援助的提供者，社区及农户是社区灾害风险管理的核心主体，将灾害风险管理体制置于社区自身资源与行动能力框架下，形成了以社区为主体的灾害风险管理体制，实现了将灾害风险因子干预、风险源减少、规避、降低、应急及适应以组织化和制度化的形式嵌入至社区管理体制及农户的日常生活之中。

（2）贫困村社区灾害风险管理能力的提升。第一，政府领导力开发。政府及领导重视是项目推动与实施的重要力量。该项目在实施过程中，通过子项目动员有关部委参与其中，并通过"防灾减灾、灾后重建与扶贫开发"研讨培训班（分别举办了三次培训班）、"防灾减灾、灾后重建与扶贫开发"培训教材编写等形式，对地方政府有关部门及工作人员观念更新与现实操作等方面进行能力建设。第二，社区应对能力建设。社区灾害应对能力建设是社区居民、组织和社区作为一个整体逐渐加强、创造、适应和维持灾害风险应对能力的过程，其目标在于提高和加强个人、农户、组织机构及社区整体在减少、预防、减轻、准备、响应和灾后恢复等方面的既有能力。UNDP 灾害风险管理项目在实施中依托政府有关部门以培训、实地演练等形式对所涉及的贫困村社区进行培训，家庭和社区层面的灾害准备和响应能力，公众意识、社区风险认知、风险管理规划方案和演练预案制定及灾害风险应急等方面都有了显著提高。第三，农户灾害应对能力建设。在灾害风险管理项目实施过程，社区人员特别是弱势群体如妇女、贫困人群等参与其中是 UNDP 项目理念与要求的具体呈现，参与式方法的乡村实践使得农户通过代表大会、座谈会等方式参与到项目的申报、组织与实施、监督等具体环节之中。第四，生计的可持续改善能力。通过生计发展援助，发展新型产业，修建生产生活设施，培育生产合作组织、成立互助基金组织，为生产发展注入新的因素。借助新能源建设（沼气池、太阳能）、乡村环境示范工程等项目降低农户活动对生态环境的影响，促进农户生计的可持续改善。

三 贫困村灾害风险管理项目运行机制

灾害风险管理与应急管理不同的是，灾害风险应急一般关注致灾因子和灾害事件本身及以事件为基础进行的单独应对，而灾害风险管理更多地关注脆弱性和动态的及综合的风险因素。"汶川地震灾后重建暨灾害风险管理计划"项目在进行灾后紧急救援与恢复重建的过程中，通过理念更新、机制建设与能力建设，构建了一个以贫困村社区为主体的灾害风险应对机制。

1. 多部门合作与社会参与机制

"多部门合作是贫困村灾后恢复重建工作的基础。若没有多部门紧密的合作，贫困村灾后恢复重建工作不可能取得成功。"[①] 在 UNDP 推动下，项目资金由商务部及下属机构进行归口管理和执行相关项目，具体项目的规划与实施则由国家扶贫办负责，以项目的形式联合民政部、住房和城乡建设部、环境保护部、科技部、全国妇联、中国法学会和国际行动援助组织，分别进行社区减灾体系与能力建设、农房重建技术示范与推广、村级环境保护、技术支撑、弱势群体生计支持、法律援助及国际经验、工具方法的引入。同时，由北京师范大学、华中师范大学等高校负责项目前期基线调查、中期评估和项目期终评估。

2. 项目主导下的纵横相结合动员机制

以项目为载体，形成了纵横结合的资源动员和整合机制（见图7—1）。在总项目的基础上，将项目进行分解分别由参与其中的部门或机构承担，并通过 UNDP 项目地方办公室和地方政府，将国家部委所承担的项目直接在贫困村社区层面执行。整个 UNDP 项目借助子项目和项目执行方对贫困村生计、心理、环保、组织能力等内容进行全方位干预，意图取得六大方面的成果："（1）汶川地震对贫困的影响评估及贫困村社区重建计划支持；（2）向受灾严重和弱势群体提供生计援助；（3）向弱势群体提供社会心理与法律支持；（4）以可再生资源利用和当地自然资源管理为基础的村级能源环境建设；（5）通过能力建设与知识分享，加强贫困村社区的灾害风险管理能力；（6）研究整理并推广最佳实践和知识，强化参与机构的能力。"[②] 在国家有关部门指导下，自上而下地成立纵向体系，特别是在贫困村成立社区灾后恢复重建规划实施小组、监督小组，实现村干部、村民、贫困户、妇女等群体全方位参与。

---

　　① 联合国开发计划署（UNDP）：《"汶川地震灾后重建暨灾害风险管理计划"项目综合评估调查报告》，2010 年 10 月。

　　② UNDP：《UNDP"灾后恢复重建和灾害风险管理"项目中期回顾》，载黄承伟、陆汉文主编《汶川地震灾后贫困村重建进程与挑战》，社会科学文献出版社 2011 年版，第 194 页。

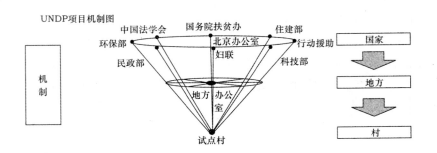

图 7—1   汶川地震灾后贫困村恢复重建多方参与机制①

3. 参与式工作机制

参与式理念与方法是 UNDP 所倡导的基本理念与方法。在项目实施过程中，无论是贫困村社区灾后重建规划还是实施都非常注重"赋权"给贫困人群及弱势群体，以参与式为载体形成了"自下而上"的需求上达机制和村民广泛参与机制，在项目设计、实施、验收及后续管理方面实现了村民的全过程参与。特别是妇联承担的弱势群体脆弱性分析及妇女生计援助项目和民政部门承担的农村社区减灾能力建设子项目实现了重心下移，充分体现了基层民主治理的理念。

4. 评估监测与经验推广机制

UNDP 项目的根本价值不仅在于汶川地震灾区贫困村的灾后恢复重建与可持续发展，而且旨在探索一条贫困村灾害风险管理的有效机制，在众多层面或单一层面形成一套可推广、可复制的实践经验。从项目实施开始，就建立了制度化、多重性的长效监测评估机制，以实现对试点经验的收集、研究、总结并推广的诉求，借助监测管理系统、基线与终期监测、专题监测评估、全面调查评估等不断总结、反思灾后重建经验，形成一大批经验性成果。

通过上述活动的开展和理念、做法的应用，UNDP 项目呈现出了"以人为本、知识与技术并重"的特征，试点贫困村村民特别是妇女的社区

---

① 该图引自《UNDP "灾后恢复重建和灾害风险管理"项目中期回顾》，载黄承伟、陆汉文主编《汶川地震灾后贫困村重建进程与挑战》，社会科学文献出版社 2011 年版，第 208 页。

参与及主人翁意识有了很大的提高，社区减灾、社区动员与组织、应急救助及可持续发展等能力得到很大的提升。

第二节　贫困村灾害应对模式创新的支持系统

从上文可知，贫困村灾害应对模式创新源自 UNDP 项目的实施，是国际社会和国内机构合作的产物，项目的设计与实施有着坚实的政策基础和政府背景，特别是在项目实施过程中，国家相关部委的参与让项目最大限度调动了地方政府参与的可能性。对于地方政府、试点贫困村来说，UNDP 项目不仅仅是一个项目，更是中央政策的一次创新。贫困村灾害风险应对模式创新是 UNDP 项目支持下相关部门具体实践的结果，既是相关社会政策创新的产物，也是国际项目实践的衍生物。贫困村灾害应对模式创新的本质是"创新"，其性质是实践活动的模式创新。实践模式创新是一种动态的、交互的和复杂的过程，是在理念创新的基础上资源重新组合并付诸实践来促进某一种社会活动的变革。每一项实践创新活动都不是单一的和孤立的，背后有着一定的理论支持，研究的积累、实践经验的总结和政策保障、资源整合和多元主体参与一起构成了贫困村灾害应对模式创新的支持系统。

一　贫困村灾害应对模式创新的政策支持

1. 贫困村灾后重建的政治环境

汶川地震发生后，党和国家领导人深入灾区农村第一线，对贫困灾区的恢复重建与可持续发展高度关注。胡锦涛曾指出，灾后农村恢复重建，要注重同建设社会主义新农村建设、推进扶贫开发结合起来。温家宝多次深入灾区考察指导，并指出：要把抗灾救灾同扶贫开发结合起来，增强灾区自我发展能力，加大对受灾贫困地区的支持力度，从根本上改变贫困地区的生产生活条件，促进贫困地区经济社会发展，国务院副总理回良玉等其他领导也在其他场合多次强调将防灾减灾与扶贫开发相结合。灾后恢复重建与扶贫开发相结合，是党中央、国务院所要求的政治任务，为贫困村灾后重建特殊支持政策及各种项目的开展提供了良好的政治环境，使得贫困村灾害风险应对模式创新被各部门及社会理解和认可。

2. 灾害风险管理与扶贫开发的政策创新

21 世纪以来，我国灾害风险管理思路从一般性的恢复生产发展到全面考虑扶贫和防灾减灾的结合，"灾前预防、灾中应急、灾后恢复重建"的政策体系逐渐形成，并开始将政策贯彻下沉至社区层面，尝试构建社区风险管理政策体系。2005 年 10 月，十六届五中全会通过的《中共中央关于制定国民经济和社会发展第十一个五年规划的建议》明确把农村安全问题列入"大力发展农村公共事业"内容体系之中，并提出"加强各种自然灾害预测预报，提高防灾减灾能力"。2005 年底，《中共中央国务院关于推进社会主义新农村建设的若干意见》明确指出：注重村庄安全建设，防止山洪、泥石流等灾害对村庄的危害，加强农村消防工作，为农村社区灾害风险管理政策设计指明了方向。2006 年，政府主导，分级管理，社会互助，生产自救成为我国灾害应急新的指导方针。2008 年十七届三中全会通过的《中共中央关于推进农村改革发展若干重大问题的决定》第一次把农村防灾减灾问题作为农村发展的重要内容进行论述，要求加强农业公共服务能力建设，加强农村防灾减灾能力建设和加强宣传普及防灾减灾知识。2010 年中央 1 号文件特别强调农村减灾防灾体系的建设工作，全面提高农村趋利避害水平。另外，中央各部委和地方各部门制定相应的有关防灾减灾方面的政策，农村社区灾害风险管理政策日益成为现实实践。

随着社会发展理念不断创新，我国扶贫开发政策范式也经历了一个不断转换的过程，扶贫开发的主体开始由政府"独舞"转变为"政府、企业、社会组织、社区及农户共同参与"的"共舞"，政策内容逐渐从生活援助转型为发展援，强调人力资本开发的开发式扶贫，进而到强调社会资本、文化资本投资的参与式扶贫和能力扶贫、文化扶贫，扶贫开发政策的瞄准对象也由区域逐渐演变为区域、社区和农户多维机制，整村推进、连片开发等政策集合扶贫模式成为主导模式，特别是整村推进扶贫模式实现了"社区主导型"发展模式的本土化。2008 年南方雪灾及汶川地震的发生，扶贫与灾害应对措施的结合，提高贫困地区避灾、减灾基础及产业发展水平，提高贫困地区抗灾能力成为扶贫开发政策新选择。

3. 贫困村灾后重建独特的政策支持

2008 年 6 月 4 日，《汶川地震灾后恢复重建条例》（国务院令第 526 号），紧接着《国家汶川地震灾后重建规划工作方案》（6 月 6 日）、《国务院办公厅印发关于地震灾区恢复生产指导意见的通知》（2008 年 6 月 16 日）、《国务院关于支持汶川地震灾后恢复重建政策措施的意见》（6 月 29 日）、《国务院关于做好汶川地震灾后恢复重建工作的指导意见》（7 月 4 日）、《国家汶川地震灾后恢复重建总体规划》（8 月 12 日征求意见稿，9 月 19 日正式颁布）、《汶川地震灾后恢复重建农村建设专项规划》（2008 年 11 月 5 日）等都明确指出要将灾区扶贫开发与灾后恢复重建、灾害风险管理有机结合。在《汶川地震灾后恢复重建农村建设专项规划》和《汶川地震贫困村灾后恢复重建总体规划》之中，特别是后者将灾害风险管理与扶贫开发、灾后恢复重建政策变成具体措施，为贫困村灾害风险应对模式创新提供了独特的政策支持。①

二 贫困村灾害应对模式创新的经验与知识支持

1. 相关研究的知识支持

对于贫困与灾害的关系研究，已有大量的学者分别从定性与定量的角度予以了不同的论证，结论一致认为灾害是导致我国扶贫工作难有成效的关键因素之一。另外，关于生态环境方面的研究，也证明环境异动与贫困有着密切的关系，并在区域上有着一定的重合性。在调研中发现，在地方政府和农户关于返贫现象的感知中，灾害风险与贫困的关系也被建构起来。同时，在 UNDP 项目支持下，在联合国开发计划署援助下，国务院扶贫办牵头联合相关部门及全国妇联、中国法学会、国际行动援助等国际国内非政府组织，清华大学、北京大学、北京师范大学及华中师范大学等国际国内高校和科研院所联合实施了《汶川地震灾后恢复重建暨灾害风险管理项目》，引进先进经验、知识，对扶贫系统和基

① 国务院扶贫办贫困村灾害恢复重建工作办公室：《汶川地震灾后贫困村恢复重建指导手册》，中国财政经济出版社 2010 年版，第 25—35 页。

层干部进行系统全面的灾后重建、减灾防灾与扶贫开发结合相关理论和方法培训。尤其值得一提的是国务院扶贫办编写了灾后重建、减灾防灾与扶贫开发培训丛书，不仅介绍了相关政策，而且对"灾害对贫困影响评估"、"贫困村灾后重建规划内容、程序、技术标准和群众参与"等内容进行了重点讲述，提高了骆家嘴村贫困村灾后重建规划参与人员的素质和能力。

2. 扶贫开发与灾害风险管理的经验积累

自改革开放以来，我国一直致力于反贫困工作的开展，工作成效受到国际社会的广泛赞誉。在长期的反贫困实践中，在统筹协调发展战略指引下和包容性增长发展理念指导下，中国农村扶贫开发工作积累了丰富的、独具特色的实践经验。这些经验包括：注重扶贫开发与农村改革发展的融合互促的工作理念、政府主导下的贫困群众和社会组织的多元参与的工作格局、以开发式扶贫为主救助式扶贫和保障式扶贫为辅的基本方针、生存贫困治理与发展贫困缓解的动态结合的工作目标及区域瞄准和群体瞄准的系统搭配的瞄准机制（刘娟，2009）。参与式扶贫、脆弱性分析等方法在贫困村得以应用，提高了政府扶贫开发的效果。

在灾害风险管理方面，新中国成立以来，中国政府高度重视减灾事业，制定了"预防为主，防抗救相结合"的灾害风险管理工作基本方针，大大提高了中国灾害风险管理能力，初步形成了"条、块结合，以条为主"的组织体系、各级各部门预案组成的制度体系、信息报送机制、社会动员机制、信息发布机制，形成了系统有效的灾害风险管理平台。灾害风险管理的重点由灾后应急向灾前预防、风险控制转变，工作开展的区域逐渐从宏观向微观转变，以社区为导向的灾害风险管理试点在城乡社区得以实施，尤其是农村社区灾害风险管理的试点为 UNDP 项目的实施提供了大量的经验基础。

3. 智力支持的国际援助

作为世界上最大的多边技术援助机构，联合国开发计划署（UNDP）以促进发展中国家经济社会发展为己任，利用各国捐款，通过技术合作等手段帮助发展中国家提高自然资源和人力资源创造财富的能力。自20世纪80年代以来，UNDP 充分利用其全球发展经验，帮助中国制定应对发展挑战的解决之道，在减贫与社会包容性发展、法治与治理、能源与环境以及应对气候变化等重点领域开展合作，提供、派遣专家进行咨询服务，资助受援助国的经验学习和能力提升活动，在与政府部门合作与动员社会参与方面积累了丰富的工作经验。关于多维贫困、贫困测量、减贫实践方面和灾害风险及管理研究、应用实践方面，世界各国有着不同发展脉络和思路，形成了不同经验，特别是在研究方法上发达国家一直走在我国前列，参与式、脆弱性分析、乡村银行、社区风险管理等先进经验通过 UNDP 不断引入中国，包容性增长、可持续、性别平等、弱势群体优势视角、绿色环保和公民参与等理念日益影响着我国相关工作的开展。UNDP"汶川地震灾后恢复重建暨灾害风险管理计划"项目就是将两大领域："减贫与包容性发展"和"能源与环境及应对气候变化"有机结合在一起并在社区层面予以实践，国际减灾、减贫、环保、住房建设等方面的经验和模式借助项目实践、研讨会、交流会、培训会、出版物等多种形式逐渐介入到项目运作过程中。如参与其中的"国际行动组织援助"发挥其使用参与式发展的工具、手段、技术进行参与式发展规划的专业优势，有机融合我国政府组织"自上而下"模式和参与式"自下而上"的发展模式，针对干部进行培训并为受灾贫困村弱势群体参与式脆弱性分析提供了"参与式脆弱性分析"的技术支持。与此同时，在国家有关部门的推动下，"应对汶川地震：边远社区扶贫开发与灾后重建"政策设计国际研讨会等系列国际研究会成功召开，国际先进经验不断成为贫困村灾害应对模式创新的重要支柱。

三　贫困村灾害应对模式创新的社会支持

1. 部门合作与社会参与机制的探索

在政策文本中，为了便于政策叙述和政策理解，灾害风险管理、扶贫开发、基础设施建设等内容都被界定在不同的内容框架下。如《中共中央国务院关于推进社会主义新农村建设的若干意见》（2005 年 12 月 31 日）等文件中，扶贫开发则属于促进农民持续增收，夯实社会主义新农村建设的经济基础，社区灾害风险管理则加强农村基础设施建设，改善社会主义新农村建设的物质条件。在更为宏观的政策体系中，灾害风险管理则存在于生态环境或可持续发展内容框架之中，扶贫开发属于经济发展范畴。在政策落实环节方面，则被不同的部门"认领"，相关政策从相对独立的条块格局中转变为在部门主导、供给驱动下得以实施。在现实中，所有的政策都会存在于农户的日常生产生活行为之中，它们之间是无法分割的。这种方式掩盖了农村、农民和农业问题的关联性和农民日常生活领域内的一体性，因此在政策的实施环节中，统筹协调机制就非常有必要。20世纪90年代初期，公共治理理论开始兴起，相对于"统治"，该理论强调治理主体的多元化，国家、机构如社会组织和个人都是治理的主体，且它们之间是相互依赖的和互动的，治理的目标在于自治自主格局的形成。在该理论的促进下，部门合作与社会参与机制探索逐渐推进，从艾滋病防治领域逐渐被推广至反贫困、环境保护等社会问题的治理之中。长久以来，我国扶贫领域的多部门合作是通过领导机构（扶贫开发领导小组、政府办公室）来完成的，成效良好，社会参与则表现为企业扶贫、行业扶贫、社会扶贫和参与式扶贫，这为多部门合作与社会机制的形成打下了良好的基础。另外，艾滋病防治领域的多部门合作与社会参与的探索始于2004年，已经积累了丰富的经验，逐渐被借鉴至 UNDP 项目运作机制之中。

2. 多元资源投入和资源整合机制的探索

UNDP 项目主要涉及住房及公共设施的建设、基础设施的恢复重建、生产恢复、能力建设和环境保护五个方面的内容，是一项涉及多领域、多部门、多学科的系统工程，在短期内得以实施并在很多方面有所创新，原因在于其借助了我国政府强大的动员与整合机制。起源于革命年代的动员整合机制在计划经济时代得到充实。自改革开放以来，市场的成长和社会的发育改变了资源分配结构，产生了大量替代性资源。多元资源投入和资源整合机制中对政府部门的组织动员依旧是传统的，而对市场与社会的组织动员更多以公共责任感和以人为本的人道关怀精神为主，人际动员、关系动员和组织动员为辅的格局。在我国多元资源投入和资源整合机制有着一套非常成熟的做法，并在历次重大公共事件应对中发挥了积极作用，之所以如此，源自执政党和国家的强势政治领导、国家对资源强大的控制力。

第三节　贫困村灾害风险应对模式
创新的个案观察

一　骆村灾害风险管理项目实施概况

骆村地处陕南地区，交通不便，频发的自然灾害对村落社区经济秩序和生活秩序造成很大冲击，村庄的可持续发展和村民生计的改善受到了很大制约，灾民的生活与生计非常脆弱。同时作为贫困村，经济基础欠佳、公共设施与医疗基础薄弱及弱势群体的脆弱性等诸多困难极大地削弱了其对灾难的抵抗力和恢复力，导致社区整体抗风险能力低。汶川地震所带来的灾难让本来就深陷于生存困境的骆村村民受到了二次伤害，因此骆村的灾后重建打破了原有的发展模式，同时积极探索社区减灾机制，从而提高社区减灾和防灾能力，减少自然灾害对农户生产生活的影响。

1. 贫困村社区灾害风险规避系统

"现代自然灾害研究中的脆弱性分析表明，灾害是'致灾因子'与'脆弱性'共同作用的结果。所谓致灾因子，是指引发灾难的自然因素和人类活动，也就是人们常说的天灾和人祸。"① 骆村生态敏感度较高，人地矛盾突出，干旱、洪涝、滑坡、泥石流等灾害频繁发生，水土流失严重。在骆村项目规划与实施过程中，将民房建设与社会主义新农村建设、人居环境整治、民生工程实施、基础设施建设紧密地结合一起。该村实施了 UNDP 子项目"环境风险规划与示范村环境示范建设"，编制了环境保护规划和环境优先工程规划大纲，修建了垃圾填埋场，设置了垃圾临时堆放点和垃圾桶，并积极推进了沼气池建设，将产业发展与生态保护有机结合，避免了各种自然资源的过度使用。另外有关部门积极为该村引进新品种、新技术，将民居恢复重建技术、生活垃圾和农业废弃物肥料化利用技术、水源地保护及安全用水技术、生猪健康养殖关键技术及疫病防控技

---

① 李宏伟、屈锡华、严敏：《社会再适应、参与式重建与反脆弱性发展——汶川地震灾后重建启示录》，《社会科学研究》2009 年第 3 期。

术、粮油和食用菌、核桃等农业生产技术等运用于灾后重建之中，从而形成了先进实用的绿色乡村社区建设配套技术体系。

2. 贫困村社区防灾减灾基础设施建设

防灾和减灾设施建设是灾害预防的重要载体。骆村经常发生的是地震，其次是洪水、滑坡泥石流、大风雷电，最后才是旱灾。到目前为止，对地震的预防人类仍是力不从心的，故而骆村能够应对的主要灾害就是洪水及其次生灾害，防灾和减灾设施也是围绕着这一灾害类型来修建的。在多部门的资助下，修建了户坎、河堤和堰渠，这些措施最大限度地提高了社区自然灾害风险应对能力。

3. 骆村的灾害应急演练

2008 年 5 月汶川地震之后发起了与民政部合作的农村社区减灾模式研究项目，社区应急演练作为农村社区减灾模式项目的一个重要组成部分。骆村是五个试点村之一，项目实施方针对"贫困村社区存在缺乏风险性和脆弱性评价、防灾减灾资源匮乏、缺乏综合减灾规划、减灾管理机制和职能不健全、没有统一的应急队伍"[1] 等问题，结合农村社区高风险、高脆弱性，预防能力低等特点，根据自然灾害风险评价结果与乡镇相关预案相衔接，参考村干部及村民代表的意见，编制了《骆村自然灾害救助应急预案》，并进行了应急演练，提高了贫困村灾情监测，应急响应，转移了安置的行动能力。

二　骆村灾害风险应对体系构建的基本模式

1. 以扶贫开发为载体

"扶贫开发是指国家和社会通过包括政策、资金、物资、技术、信息、劳务、就业等方面的外部投入，对贫困地区的经济运行状态进行调整、优化，在此基础上实现贫困地区经济的良性增长，进而缓解贫困地区的贫困，促使贫困人口逐渐摆脱贫困的政策体系。"[2] 在扶贫开发实践过程中，有关部门通过资源输入以工代赈资金、产业发展、整村推进等模

---

① UNDP：《汶川地震灾后恢复重建暨灾害风险管理项目简讯》第 3 期，2010 年 1 月。

② 孙晓娟、董殿文：《社会保障学》，中国矿业大学出版社 2007 年版，第 221 页。

式，来满足贫困村基础设施建设、产业发展、科技服务及生态环境建设等方面的需求，旨在实现贫困人群生计的可持续改善和贫困地区的可持续发展。在骆村 UNDP 项目实施过程中，扶贫系统一直是主导者与实施者，将灾后重建需求与扶贫开发的需求有机结合，并在规划的制定与实施中得到充分体现。骆村的堰渠、水塘等水利设施在地震中遭到严重破坏，这些基础设施是灾害重建的内容，也是灾害风险的基础设施载体，更是扶贫开发政策的供给内容。

2. 以社区为灾害风险应对的主体

随着市场经济的发展，贫困村社区内部农户原子化现象比较突出，将农户有效连接在一起的物质、组织与情感纽带在现代化大潮中逐渐衰退。但是滕尼斯所言的社区有机团结是社区集体行动能力的保障，但历史不可能恢复，通过新的组织形式将社区变成为"共同体"则是一项新的课题。骆村抗震救灾及灾后重建过程中，社区非组织的互助群体及社区精英的有效介入，村庄灾害风险应对的共同体得以初步形成。外界主体介入后仍充分动员了社区组织如村两委，在贫困村脆弱性干预、风险源治理及灾害风险的影响方面都发挥了积极作用。特别是在灾害应急演练项目中，全村成立了应急救助领导小组、灾害巡查队、转移安置队、物资保障队、医疗救助队等灾害应急组织，全部人员均由村民担任，整个演练则由村委会在外界帮助下自我组织。

3. 对风险源进行全方位干预

骆村的灾后恢复重建与风险管理项目体现出了"绿色重建"的理念和原则，将环境保护与可持续科学发展作为项目实施的基本原则。在项目规划与实施中，生态环境是一个十分重要的变量，通过发展绿色避灾产业适应生态环境和提高村民生计的可持续性、实施乡村环境保护工程如修建垃圾填埋场和摆放垃圾桶等设施减少社区生活对生态环境脆弱性的影响、修建防御性设施（堰渠等）提高风险应对能力及通过改善村庄共同体组织能力、基础设施、公共服务、生计改善等全方位措施对风险源进行全面干预。

4. 管理与规避齐头并进

骆村的环境保护措施包括乡村环保工程、新能源建设、农业产业结构调整、乡村灾害风险应急演练等。可以看出，有关部门的努力有着将灾害风险纳入社区自我管理的内容体系之中的努力。在现代"技术—组织"

风险应对体系下，灾害风险如其他要素一样是可控、可防和可治的，积极地进行灾害风险管理不仅仅是采取规避和防范措施，更多的是消除灾害风险和降低灾害风险。其实这些措施也在尽力规避灾害风险，将灾害风险有效控制在一定水平之内。以管理与规避齐头并进的灾害风险应对模式是一种新的尝试。尽管灾害风险能否"管理"仍在学者们的争议之中，但实验性社会实践可以为争议提供新的回答。

三 骆村灾害风险应对体系的路径依赖

骆村是汶川地震灾区贫困村其中的一个，在项目实施之前，社区灾害风险意识不强、应对资源极度缺乏、综合性灾害风险应对方案缺乏、减灾管理机制和职能不健全且没有统一的应急队伍，几乎是个空白的村落社区，决定了其灾害风险管理体系建设的路径依赖特征。

1. 强大的资源与技术外部援助系统

在灾后重建过程中，扶贫部门及其他涉农机构都参与到骆村灾后重建工作之中，实现了财政资金最大限度地输入至社区内部。同时在多部门合作和社会参与机制下很多非政府组织或民间团体都投入了大量资源。在重建过程中，将新农村建设、重点村建设、通村水泥路建设、农村能源建设、农网改造工程、安全饮水、移民扶贫、农业综合开发等项目与灾后重建有机结合，有效地整合了国家、省市、县乡及村庄本土资源，形成了较为有效的资源整合与动员系统，在骆村这一平台上，在中央与地方贫困办主导下，联合援建和帮扶单位、社会组织，鼓励村民参与，整合社区内外资源，构筑了有效的内外、上下资源整合机制，总资金输入额达到2888万元，除去农户自筹的1098.6万元，仍有上千万元的投入。同时在科技、农业、环保等部门支持下，强有力的科技支持系统与各种项目资金同时抵达社区内部。

2. 先进的灾害风险应对理念与措施

在骆村，无论是"绿色重建"、"参与式"还是"环境保护"具体的做法，都是当代社会的先进灾害风险应对理念与措施，在贫困村社区都是新颖的理念，比如应急演练和灾害风险应急技能培训等都是首次在贫困村社区得以应用。特别是"脆弱性分析"视角有效地对弱势群体如妇女、儿童、残疾人及老人予以优先照顾，现代社会中的"公平"与"争议"理念在骆村得到全部体现。这些先进的理念与措施不是内生的，而是外界主体价值观输入的结果。

3. 组织化与制度化的灾害风险应对体系

在所有项目实施中，规划、方案的制定都是非常重要的环节。村民代表大会、村小组会议、妇女座谈会等各种会议类组织是骆村规划、方案制定的主要组织形式。汶川地震灾害风险应急及后来的灾害应急演练中，组织化与制度化应对都是各界努力追求的结果。灾害应急类组织、妇字号产业基地、农民经济合作组织（骆村桑蚕生产合作社等）、互助资金协会等各种组织在项目实施过程中应运而生，并制定了大量的规章制度，使得灾害风险源、风险规避、风险应急等都被纳入组织化和制度化管理体系之中。

4. 灾害风险应对的日常生活化

外界干预不是简单地追求干预效果，而是对村庄的生产生活产生深远的干预影响。只有理念、措施与做法成为社区及农户所熟知的知识并自觉运用于生产生活之中才真正具有其价值与意义，进入日常生活体系之中才真正具有生命力。在骆村，绿色重建的理念体现在村落格局的调整、农户住房格局及卫生习惯的重塑方面。先进的建筑及环保技术、现代的居住理念和环保理念、新颖的新品种及新技术等都在彻底地对日常生活进行干预，从而实现灾害风险应对的日常生活化。

第四节 贫困村灾害风险应对模式
创新的效果与影响

以扶贫开发为载体的贫困村灾害风险管理项目是以反思为导向，倒推的一种方法，虽然是事后介入方式，但一定程度推动了灾害风险的事前规避、降低与转移。项目实行起初并不简单地追求贫困村层面的微观效果，"协同推进试点村示范建设，探索宏观政策的优化"[①] 的项目实施范式在

---

① UNDP：《UNDP"灾后恢复重建和灾害风险管理"项目中期回顾》，载黄承伟、陆汉文主编《汶川地震灾后贫困村重建进程与挑战》，社会科学文献出版社 2011 年版，第 209 页。

政策层面有着更大的诉求，所以考察该项目的效果与影响不能仅仅关注贫困村层面，更要跳出贫困村社区关注宏观社会政策的"贫困村"视角。

一 贫困村社区视野下的"灾害风险管理项目"的效果①

灾害风险应对有着多个维度的含义：一是降低风险发生概率；二是降低贫困脆弱性；三是提高民众的抗脆弱度，其中后者的意义更为深远。民众的抗脆弱度测量一般包括居民住房的防灾减灾、基础设施的防灾减灾、环境恢复与改善等物理指标和社区统一的行动能力、社区关系网络恢复、能力建设、组织建设、公共服务等社会指标，更包括生计改善等经济指标。根据笔者参加的《"汶川地震灾后重建暨灾害风险管理计划"综合评估》项目调研数据，以社区及农户的视野来看待此项目的效果。

1. 贫困村抗脆弱度的物理指标测量效果

此次调研的 8 个试点贫困村总体住房重建率高达 77.6%，有些村几乎是完全重建（见表 2—2）。问卷调查的 1143 户样本中 78.5% 的是重建户，21.5% 的是维修户，且在保障措施、配套设施、技术规格、施工要求一般都有硬性规定，提高了住房的抗脆弱度，85% 的农户表示现在的新房子非常安全。基础设施涉及村内道路、灌溉设施、饮水设施、基本农田、可再生能源、入户供电设施六个主要方面。本次调查中既考察了与农户家庭相关的入户路、饮用水、替代能源、供电等方面恢复重建的进度，同时还考察了农户对整个村庄在基础设施六个方面的总体满意度。截止到 2010 年 8 月，79% 的农户完成了入户路修建，满意度为 74.3%。在灌溉渠道、山坪塘、灌溉蓄水池、石河堰、提灌站、机沉井等减灾防灾设施方面满意度为 3.55 分（满分为 5 分），82.8% 的农户完成了饮水设施修建。环境保护项目主要由环境保护部开展，本次调查的 8 个试点村中，有 4 个村是其环境建设的示范村，分别是四川的马口村和清河村，甘肃的肖家坝村，陕西的骆村。结果显示，1143 份样本中，有 196 人不清楚此项活动，占 17.1%，222 人表示该村无此项活动，占 19.4%；在有效应答的 725 人

---

① 本节所使用数据除特别说明外均来源于华中师范大学社会学学院所承担的《"汶川地震灾后重建暨灾害风险管理计划"综合评估》项目调研数据，笔者参与了此次项目调研。

中，12.1% 的人认为此项活动作用很大，44.1% 的人认为其作用较大，认为作用较小和没有作用的合计占 14.5%，其他人认为作用一般，调研中发现有些环境保护项目仍然没有落实，特别是配套设施没有落实。

2. 贫困村抗脆弱度的社会测量效果

在社区减灾能力建设活动方面，1143 份样本中，不清楚这项活动的有 205 人，占 17.9%，还有 437 人表示该村没有这项活动，占 38.2%；在有效应答的 501 人中，认为作用很大的占 14.0%，认为作用较大的占 40.5%，认为作用较小和没有作用的合计占 9.0%，其他人认为一般。在公共服务方面，分别有 84.2%、63.7%、73.6% 的农户对村小学、卫生室、便民商店建设较为满意。能力建设主要为农业技术培训和劳动力转移培训，两项满意度得分为 3.15 分。在社会关系方面，"绝大多数农户认为村落内人际关系更加亲密、人际交往圈子变大了，为社区团结提供了基础。"[①] 农户之间的互助与协作也比震前有了很大提高。在社区统一行动能力方面，69.8% 的农户对村委会给予了充分的认可，认为村委会能力提升、权威提升都较快，在社区资源整合力、动员能力等方面都有很大提升。

3. 贫困村抗脆弱度的经济指标测量结果

贫困村灾后恢复重建工作协调了多个国家部门参与和探索贫困村生计恢复实践模式，通过以工代赈、村级互助资金、以奖代补、妇女培训和生计支持以及科技特派员帮扶等多种方式，支持农户通过自身参与重建项目增加现金收入。此外，项目还在灾后早期恢复阶段推动地方发展循环式产业链，尝试中国农村地区的低碳经济发展模式。从生计维持来看，外出务工是农户生计维持的主要策略。贫困家庭和贫困人群在灾后早期恢复阶段以及长远发展中，均面临着资源环境脆弱、生计基础薄弱、生产结构单一、缺乏足够能力发展多样化生产、防灾减灾及灾后重建的能力较低等多样挑战。汶川地震后大规模集中建房虽然使灾区百姓很快重新拥有了住房，但高昂的重建成本、超前的建房标准等实际情况使灾区平均每户负债 4 万—5 万元，还债以及今后的生活压力，使得对现金和稳定收入的迫切

---

① 黄承伟、向德平：《汶川地震灾后贫困村救援与重建政策效果评估研究》，社会科学文献出版社 2011 年版，第 223 页。

需求成为灾区今后相当长时间内必须面对的主要挑战。在债务方面，有78.9%的农户有各种渠道的借款且重建户额度高于维修户，由于住房重建的高要求及部分资金的农户自筹，导致重建户家庭更易于陷入更严重的入不敷出，生计较为脆弱，住房重建政策对维修户发展生计的功能强于重建户。从表7—1看出，农户生产启动资金较为缺乏，债务较重，且产业项目不太合适、基础设施和技术支持不够及外出务工信息缺乏，面临着生产、生活配套设施不到位、粮食不足和饮水困难。

表 7—1　　　　　　　农户对当前生产、生活中的困难的看法

项目	频次	响应率（%）
缺乏生产启动资金	814	71.5
家庭债务比较重	799	69.9
没有合适的产业	733	64.5
缺乏技术培训	720	63.4
缺乏劳务转移信息	699	61.9
生产配套设施不到位	466	42.4
生活配套设施不到位	362	31.7
粮食不够吃	263	23.1
饮用水源缺乏	210	18.4

二　灾害风险管理项目乡土实践的影响

"地理条件艰苦，收入水平偏低，基础设施建设尚处于初级阶段，减灾设施设备则基本处于完全空白状态，农村社区本身缺乏应急救助力量，减灾意识薄弱：对相关知识及技能也了解很少。"[①] 这是项目实施方基线调查结果，也是不少学者的共同看法。在项目的贫困村社区实践，使得贫困村的灾害风险管理能力大大提升。

UNDP 与环境保护部合作，基于环境需求评估，形成了农村社区环境和生态资源保护规划，并且在重建过程和重建内容中采用了多种方法，比

① UNDP：《汶川地震灾后恢复重建暨灾害风险管理项目简讯》第 3 期，2010 年 1 月。

如环保知识和政策的宣传、环卫设施建设、环保能源利用等措施，提高了社区居民环保意识和社区环境的自我净化能力，为村级环境保护工作提供了有效实践，为村级环境保护工作的继续开展积累了经验。具体表现为：第一，编制试点村的《环境保护规划》和《示范村优先工程规划大纲》，使得受灾村庄在长期的恢复重建中能够有效地管理环境风险。第二，使用可再生能源。可再生能源包括沼气池、节能灶、太阳能等。可再生能源的使用将人和动物的排泄物转化为沼气，在很大程度上减少了农户生产和生活过程中对于木柴和燃料的需求，改善了农户和村庄的环境。第三，开发新技术。通过与工作伙伴的合作，项目开发出了一种提高能源效率和环境保护的技术，例如，通过回收建筑垃圾，它可以减少建筑材料生产过程中的环境污染，这种尝试还用于临时安置房向牲畜棚的转化上。第四，建设环卫设施。环境保护部针对六个环境建设示范村，实事求是考察地区情况，以环境可持续发展为原则，根据不同地区不同的环境问题，因地制宜地开展环境规划示范建设和环境保护建设。如在马口村开展环境保护建设，在光明村开展了污水处理建设，在清河村开展农村废品收集，在骆村开展固体废物填埋和灶膛建设等工作。第五，社区与农户防灾减灾能力建设。在实地调研成果基础上，项目结合当地社区特点开展干部及村民防灾减灾培训，应用参与式方法鼓励村民开发出包含本土防灾智慧的社区减灾应急预案，并据此进行实地应急演练，进而总结出适合中国西部震后贫困地区农村社区的综合减灾模式。

这些做法不仅在贫困村社区是首次的，而且在农村社区层面很多是首创的，成功实现了国际社区灾害风险管理的理念与经验的国内传递与落实，并较为成功地进行实践，而且出版了一系列培训教材和专题研究丛书，为未来的贫困村乃至农村社区灾害风险应对提供了诸多"中国化"的经验知识体系。

三　贫困村灾害风险应对模式创新实践反思

从贫困理论范式来看，贫困的原因、反贫困效果的巩固都离不开灾害风险管理。针对贫困村的开发式反贫困政策在实施过程中，对贫困问题的成因进行了全方位干预，改善生产条件，增强贫困人群自我积累和自我发展能力，实现贫困村的可持续发展等一系列政策目标本身就要求对贫困村的灾害风险应对进行援助，实践中的具体做法如基础设施修建特别是水利设施及农业产业结构调整本身就有着提高灾害风险应对能力的客观效果。同时，要实现贫困村人群与贫困村的可持续发展必须实现扶贫开发与水土保持、环境保护、生态建设相结合。因此，扶贫开发与灾害风险管理在理论上是相辅相成的。然而在现实中，两项工作分属于不同的系统，有着不同的政策目标和导向，UNDP 项目在 19 个贫困村开展试点本身就是一种政策性引导与理念输入和合作机制的构建，在条块分割的行政体制中被消解。因此，理论上的"向心力"与实践层面的"离心力"导致项目的效果与影响有待提高。

1. 应对模式创新的两套话语

在贫困村灾害风险应对模式创新实践中，以项目模式对灾害风险进行治理是一种基本的模式。项目的设计与执行是由 UNDP 与国家扶贫办等机构在相互协商的基础上确定的，它们是项目的发起方，理念、方法和资源均源自这些灾害风险应对的外来干预者。外来干预者有着一套科学的论证话语，是通过"公开的文本"呈现出来的，呈现出科学重建、绿色重建的可持续发展理念。在公开的文本中，反贫困的效果受制于灾害风险的现状是一种生态视角缺失和社区灾害风险管理能力差的结果，这种现状是通过倡导或赋权的形式来改变的。"公开的文本"中，汶川地震是很好的契机，项目发起方相信通过社区参与、村民自组织、资源调动等工作方式来提升社区及农户灾害风险应对的能力。在现实中也力促推进参与式的工作方式，需要充分发挥村民的主动性，在执行过程中要建立社区小组负责项目的监管。在骆村的实践中，很多项目的可持续性是值得怀疑的。比如基础设施及公共服务设施的后续管理问题，资源的可持续性程度的大小都让村民对项目效果疑虑重重。再比如二元母猪新品种的养殖，参与率非常低，原本预计的生猪养殖规模降低很多。在笔者参与的一次项目监督会议上，村民的发言大多没有公共意识，更多的是自己的利益。在针对贫困户的生计援助项目，参与者大多为大户而非贫困户。村庄各类生产生活的合作组织，因为软硬件配套设施的缺失，都有着"应付"、"迎合"、"表演"的味道。在乡村干部和农户眼中，灾害风险应对模式创新并不是由一套理念、目标、原则、程序等构成的活动体系，而是一个可以谋求直接利益的机会。

2. 创新实践项目化的反思

在以项目为主要形式的干预实践中，干预者关注的往往是项目活动设计和执行的是否合理而忽视项目本身的特性。在项目的规划过程中，对实践的复杂性缺乏充分的考虑，而在执行中努力维护规划的权威性和正确性。项目都是有周期的，所实施的项目周期大多为2—3年，短期的强干预意味着"撤离社区即将到来"，导致项目目标很难在实践中长期呈现，忽视了"项目目标的实现真正在于结束之后的维护与管理"。在现实中，这种新的理念与工作模式在不断磨合，使得两年的项目实施项目的成效与影响难以充分发挥且难以持续化，进而引发一些问题比如贫困村设施后续管理机制问题及项目撤离合作平台延续性问题仍没有得到应有的响应。

另外，项目执行的过程是一个地方化或部门化的过程，项目的执行方为相关部门或地方政府，切合地方政府和相关部门的利益诉求。在项目管理与运行机制上，UNDP项目运作机制是嵌入至我国自上而下的单一行政管理体制之中，一旦成功嵌入体制之中就很难摆脱体制的束缚与影响。另外，多部门合作机制与社会参与机制在现行的条块分割体制下显得十分苍白，沟通较少，各自为战的现象仍然十分突出。各部门仍然遵循着上下级之间的垂直沟通方法，自上而下的信息消耗，使得基层政府贫困村社区无法知晓项目的真正含义，而被当作一项常规的工作任务进行分解，基本摒弃了项目原本追求。比如参与式被停留在妇女、儿童、残疾人与老人群体之中，没有有效拓展至整个试点贫困村。对于地方政府及贫困村社区来讲，由于被援助者身份地位的事实不平等及对外界资源的依赖，使得资源提供者的权力被无限放大，对项目规划与实施缺少发言权导致项目实施过程中不切实际的失误。

3. 试点效应的延续问题

特别是"试点"本身就有着很重要的含义，"试点"是中国公共政策形成与推广的主要形式，借助"试点"而探索出的经验和政策操作模式是日后政策贯彻和执行的参考。在吴毅看来，"试点"的实质就是"依靠优势的行政资源，以强势的组织化动员力量运作政策"①。国家承诺与有

---

① 吴毅：《村治变迁中的权威与秩序：20世纪川东双村的表达》，中国社会科学出版社2000年版，第249页。

关政策性承诺兑现，加之"试点"本身所具有的样板效应，客观上对各种资源规模及利用率有着较高的要求。对于骆村来说，它有着独特的政策优势：不仅是灾后重建政策受益者，而且是扶贫开发政策的惠及者，双重政策体系增加了骆村灾后重建资源。国家、市场、社会等外界力量都给予试点贫困村大量的各类资源支持，有效地帮助了灾区贫困村社会秩序的稳定和优化，然而项目一旦结束，大规模外援型资源撤出，试点贫困村将恢复到其政治、经济和文化的边缘化境遇。这样就印证了美籍华裔学者刘国文关于单一化社会的实验特征："单一化社会不会长久、持续的施行实验主义，只会在需要变革时进行一些试点或试验，规模不会太大，内容不会太多，时间不会太久。"① 由于体制、资源、能力的限制，贫困村社区丧失了独自尝试、试验与实践的自由，无论是统一的行动还是各地的配合，都是被系统地、一次性地设计与调整。

对于以骆村为代表的试点贫困村来说，灾害风险应对模式创新实践方面的探索不仅仅在于国外先进经验的本土化，更是为以后构建普遍意义上的、现代的贫困村灾害风险应对机制提供了现实经验。试点村的灾害风险应对模式创新实践涉及了众多层面和领域的东西，是一个外来强干预主导下的多元主体共同参与的系统工程。对于试点村来说，无论是村民还是社区层面都没有做好应对急剧社会转型的准备。在外界主体离去之后试点村面临着灾害风险管理后续资金不足、基础设施与公共服务资源需求满足程度较低、社区生产发展支持系统难以持续等诸多挑战。这一新模式如何良好地持续下去，成为摆在国家、社区和家庭面前的重大考验。

---

① ［美］刘国文：《多样化社会》，香港基石出版有限公司 2010 年版，第 502 页。

第八章

结论与讨论

在目前社会学相关研究中，"风险社会＝现代/后现代社会"的等式基本上是成立的，由此笔者看来，"风险社会"论说只是呈现了贝克、吉登斯等社会学家对现代社会特别是未来社会不确定性的忧虑，而后众多学者的研究便开始按图索骥来寻找当下社会的"风险社会"特征，甚至发现到处都是风险社会。笔者一直认为，"风险社会"属于建构主义而非现实存在的社会形态，只是学者对人类社会发展反思范式的一种思考而已，但并不否认大量风险的存在。灾害风险对于贫困村来讲是一种客观的存在，更是对未来风险的一种主观判断，对未来风险的感知与判断决定了现在的决定，指向未来的心理投射和行为决定在很大程度上决定了贫困村农户生计的可持续改善，也决定了贫困村社区的可持续发展。至此，这一探索的研究基本结束。在研究起初，试图搭建一个完整的分析框架，但最终成型于此，研究确实发现了一些有价值的结论，并对政策有着一定的启迪，但仍有很多问题处于自我辩论之中。

第一节　研究基本结论

一　贫困村社区是一种传统风险社会类型

作为一个以贫困为主要特征的农村社区，贫困村与其他农村社区的不同之处就是社会经济发展滞后，所处的地理位置、基础设施建设、公共服务供给、经济条件等在整个农村社区体系中都处于弱势地位，贫困村居民较大部分为贫困人群，是弱体群体的主要构成。贫困村是弱势群体主要聚集的社区，基本上是一个短缺的微型地域社会。生产力发展落后与外界支持系统的缺乏，使得灾害风险与其他风险一起让社区居民的生计处于未知的情境之中。旱灾、水灾、病虫害、冰雹和风灾是武陵山区贫困村所面临的主要灾害风险类型，各种类型灾害风险短期叠加及密集分布。灾害风险不仅仅在于灾害本身，更在于应对灾害的能力。统计分析发现，灾害风险与社区集体经济、收入结构、社会结构都存在着密切的关系，后者诸多因素都与贫困的脆弱性程度有关。

区域生态、社会资本、经济资本及反贫困措施是贫困村社区灾害风险源，它们有的是灾害来源，而后三种则主要是应对能力的弱小所致的。毕竟，灾害风险不仅仅具有自然属性，更多地是社会属性：损失的不确定性及脆弱性程度等，具体表现为"灾害—影响环境—影响资源—改变生态环境及生产要素分配—影响生计系统"和"灾害—人伤亡严重—增加开支、减少劳动力—导致生产受益减少和难度增加"两种递进的逻辑关系。两个逻辑关系公式的后几个环节更为重要：人们如何改变生产要素分配直接决定了社区及农户的生计持续性。在收入减少、开支增加和经济条件恶化等因素的影响下，无论是贫困户还是富裕户都会有生活危机的可能性。特别是贫困户更是如此，有可能进入一种"短缺"的经济状态之中，同时可能陷入一种恶性的循环圈之中。

因此，贫困的脆弱性加之灾害风险密集分布，使得资源短缺与能力欠缺的贫困村社区是风险社会，只是风险类型为社会学家吉登斯所说的"传统风险"。尽管整个人类社会对此可以从容应对，但在贫困村这样的"短缺社会"应对起来还是较为困难的，灾害风险对社区结构、社会秩序与社区进步产生了深远影响，"贫困村社区是一个传统风险社会的类型"的结论显然成立。

二 灾害风险规避与转移实践过程中多元主体互动局面尚未成型

在现代社会，市场与国家的权力借助其强大、无可抗拒的支配力不断"下沉"至基层社会。在贫困村社区，贫困人群及其他是国家治理的对象，更是市场所争取的消费者，社区及农户的生活的现代化程度提高较快。研究发现，贫困村社区及农村的灾害风险规避更多地依赖于传统策略，更多地依赖于自我努力。社区结构及生产要素的分配、日常生活的组织、生计维持在很大程度都有着规避风险的效果，是社区自我应对主要策略。国家与市场共同构建的现代"技术—组织"灾害风险规避体系在贫困村社区的表现是惨淡的。尽管扶贫部门在工作中关注灾害风险与贫困的关系，但其灾害风险治理能力是不足的。国家与市场关注不足，仅仅意识到灾害风险给贫困村带来了损失，并没有意识到灾害风险在贫困村社区意味着什么，它与社区及农户的存在形式是什么样的关系。基础设施短板、"技术—组织"的"一公里障碍"及山区小气候特征，国家与市场介入的效果是比较差的。

国家的社会保障与社会福利体系给予了贫困村及农户更多的社会支持，国家成为农户自己的社会关系网之外的一个风险转移对象，且效果良好。值得关注的是被认为现代灾害风险保障的科学化体系的农业保险与住房保险等在贫困村的乡土实践超出既有假定。在政府诱导下展开的水稻保险，由于不同主体的动机追求与游戏规则并没有很好对接，有序的互动局面和良好的衔接机制并没有建立，贫困村社区及农户的灾害风险规避与转移更多地依赖社区内部自我应对。

三　外来干预强度制约着贫困村灾害风险应急效果

在武陵山区贫困村，由于其灾害多为中小型灾害且区域性灾害较少，社区型灾害和农户型灾害较多，国家并没有给予更多的关注。负有治理之责的地方政府由于财力有限，在灾害风险应急过程中事前干预与事后干预都微不足道。无论是事前应对还是事后应对，政府的行为都是一种短期策略性行为，对长期的防灾与减灾关注不足。贫困村农户渴望的恰恰是政府灾害风险应急工作的薄弱环节，对贫困村社区及农户因灾而产生的技术、基础设施需求满足程度较低，客观上加剧了灾害风险的隐性风险程度。事后的救助与救济在科层制组织制约下，其力度是非常弱化的，难以持续。国家资源分配的形式与地方财力状况导致事后救济是被动式，主要以保证受灾群众温饱问题为第一宗旨，对灾害风险及次生风险缺乏足够的应对措施，对其长远深层次影响更无法干预。

在中小型灾害风险应急方面，武陵山区贫困村仍是传统的社会网络内统筹和消费平滑策略主导下单一农户自救模式，现代"技术—组织"减灾救灾系统无法有效抵达贫困村社区内部，宗教救助、社会捐助及社会组织参与等其他外界主体的介入异常微弱，市场（保险）的介入同样取决于所保财物在灾害风险面前的脆弱性程度。总体来看，在中小型灾害风险应急方面，贫困村社区应对方式较为单一，农户应对水平处于较低状态，且手段较为传统。政府基本上是缺位的，市场与社会介入几乎是空白的。外界主体与村庄社区及农户对灾害风险的干预是非常弱小的。其中国家的社会福利与社会保障政策对贫困村日常生活的干预是成功的，尽管没有促进发展，但至少确定了生计安全。

相对于中小型灾害风险，外界主体对巨灾进行强干预。研究发现，强大的国家资源动员与整合力是汶川地震贫困村灾后重建的保证。尽管存在一定的问题，但毕竟实现了外界主体与社区内部主体的有效互动，且国家现代的灾害风险应对机制成功到达社区内部，并发挥了巨大效力。以整村推进扶贫开发模式引领灾后重建是一个有效的贫困村灾后重建模式，其在资源整合、增权和参与模式的创新等方面具有独特的有效性和优越性。"前进了三十年"之所以实现在于自上而下的强力推动与社会政策导向，使得灾后恢复重建朝着新农村建设迈进，对贫困村的经济秩序、社区结构、日常生活等维度都进行了重构。外界主体对灾害风险的强干预避免了贫困村社区秩序的解体，有助于社区的可持续发展。

以整村推进方法引领灾后重建和扶贫开发相结合的新模式（简称为"整村推进式贫困村灾后重建模式"），实现了灾害风险应急工作机制的更新，在贫困村灾后重建工作的理念和机制上有所突破，在资源整合、机构协调、项目衔接、持续发展、民众参与等方面显示出了明显的优势，有着强大的生命力。外界干预的目的在于与村民合作，帮助他们选择替代他们现有行为、态度和使用环境资源的方法，以实现他们的生计可持续性和生活的持续改善，从而建构新型社会秩序，增加他们对日常生活和社会秩序的控制权。

四 外来干预程度差异影响着贫困村灾害风险适应水平

对比发现，外界干预程度的不同，贫困村社区及农户的灾害风险认知、理解与接受都呈现出不同的路径："消极"与"积极"的差异。外界主体干预程度越强，其适应灾害风险程度越高。在多元主体互动之下，灾害风险是可以利用的，能否利用同样取决于外界干预程度。由此会形成不同的灾害认知、日常生活态度和生产生活中的行为选择。农业生产的内卷化和生计维持的非农化是灾害风险适应的经济表现，更是外界干预下的多元主体互动的结果。

研究发现，单一农户及贫困村的灾害风险适应都有着外部化特征，农户对国家、社会（社区）及市场有着较强的社会预期、政策渴求和资源依赖，而社区对其以外的主体同样存在政策依赖与资源依赖，这在不同灾害风险应对模式之下的贫困村都普遍存在。相比之下，UNDP 项目试点贫困村所开展的社区灾害风险管理实践及其力促的新适应方式，为灾害风险应对提供了一个现实经验：单一的灾害风险管理和单一的扶贫开发都无法实现各自应有的目标，两者的结合才能实现贫困与灾害风险的"共治"。因此，对于贫困村社区来说，构建新的贫困村灾害风险应对机制，必须以扶贫开发为载体，实现减灾防灾与扶贫开发相结合。

五 多元互动的灾害风险管理模式是贫困村灾害风险应对模式重大创新

在能力建设引领下，UNDP"汶川地震贫困村灾后重建暨灾害风险管理"项目在试点村的展开，开创了贫困村灾害风险应对新模式：以多部门合作与社会参与为平台，以贫困村扶贫开发为载体，以社区为主导，管理与规避并举，实现了贫困村脆弱性降低、灾害风险规避系统构建、基础设施修建和灾害风险应急能力提升的多重效果，努力将贫困村灾害风险纳入社区自我管理内容体系之中。在现代"技术—组织"风险应对体系下，灾害风险如其他要素一样是可控、可防和可治的。积极地进行灾害风险管理不仅仅是规避和防范，而更多的是消除灾害风险和降低灾害风险。其实这些措施也在尽力地规避灾害风险，将灾害风险有效控制在一定水平之内。以管理与规避齐头并进的灾害风险应对模式是一种新的尝试。

新模式借助了强大的资源与技术外部援助系统，构筑了有效的内外、上下资源整合机制。在先进的灾害风险应对理念影响下，新模式实现了灾害风险应对的组织化、制度化。外界干预不是简单地追求干预效果，而是对村庄的生产生活产生深远的干预影响。绿色重建的理念体现在村落格局的调整、农户住房格局及卫生习惯的重塑方面。先进的建筑及环保技术、现代的居住理念和环保理念、新颖的新品种及新技术等都在彻底地对日常生活进行干预，从而实现灾害风险应对的日常生活化，降低了灾害风险发生概率，降低贫困脆弱性，同时也提高了民众的抗脆弱度。这些做法不仅在贫困村社区是首次，而且在农村社区层面很多是首创的，成功实现了国际社区灾害风险管理的理念与经验的国内传递与落实，并较为成功地进行了实践，而且出版了一系列培训教材和专题研究丛书，为未来的贫困村乃至农村社区灾害风险应对提供了诸多"中国化"的经验知识体系。

从整个研究结果来看，"贫困村"就是一个传统的"风险社会"，是科学、技术等现代要素涉入仍无法改变的"风险社会"，"灾害风险"意识已经深入人们的文化、心理与社会秩序之中，风险伦理、风险文化和建立在风险之上的社会秩序都是事实，它们影响了社区的"进步"。无论采取何种规避措施、转移及应急方式从而实施积极的抑或消极的应对策略，已经直接关系贫困村的未来。因此也可以说，灾害对贫困村社区秩序与进步的影响是通过对未来灾害风险的判断认知而决定的，而现在的选择也决定了贫困村社区秩序的进步，行动选择同样取决于现在的社区秩序状态。似乎所有的努力都旨在消除不确定性，安全第一的本能与应对不确定性的情感意志主宰了贫困村的社会结构，"稳妥"、"缓慢"消除未来的不确定性是社区进步的源泉。在灾害风险应对过程中，"现在"与"未来"的相互交织是贫困村社区"秩序"与"进步"两个主题的具体呈现，"不确定性"及消除"不确定性"的努力，是连接二者的纽带和桥梁。

第二节 研究结论的政策含义

任何一项研究都有其现实指引和政策诉求，本研究也不例外。研究发现，灾害风险管理与扶贫开发相结合是今后贫困村灾害风险应对政策的努力方向，在灾害风险管理中突出对贫困村及农户的救助，在扶贫开发中突出灾害风险的规避、转移、应急和适应能力的提升是政策的主要目标。对于贫困村来讲，国家政策体系相对比较健全，工作机制也已经形成，市场发育也比较成熟，问题的关键不在于政策本身，而在于政策执行的效果：灾害风险的合作共治和应对的集体行动机制的形成。从贫困村发展和灾害风险应对的外部依赖性得知，基层政府和社区的行动能力下降是当前贫困村灾害风险应对能力弱化的根源。没有坚实的基层政府和社区的行动能力，任何政策和行动都无法找到其着力点而成为悬浮在中间的"虚体"，因此重建社区和捍卫基层是提升贫困村灾害风险应对的核心点。

一 社区重构：构建灾害风险应对的社区共同体

1. 灾害风险应对的社会介入是一种必然

上文提到，国家诸多政策文件已经将灾害风险治理作为公共事业领域的构成来进行界定，可见灾害风险的秩序化是一种公共产品，灾害风险治理是一种公共治理的构成。公共治理的核心在于多元化治理，通过参与和协商达到公共利益的实现。单一主体已经无法应对灾害风险问题快速变化。"新的环境发生了，人们最初遇到的旧方法不能获得有效的效果。"[①]这就客观上要求地方政府成为独立的决策主体和公民意识觉醒及参与能力提升，国家与社会关系开始发生变化。在灾害风险治理工作中，国家、市场与社会都是重要的主体。自改革开放以来，尽管"全权主义"和"全能主义"的国家特征有所退却，但国家对社会、市场的控制力并没有削弱，只是控制方式发生转换而已，市场体系基本上已经完善，而社会的发

---

① 费孝通：《乡土中国生育制度》，北京大学出版社1998年版，第77页。

育远远滞后。况且，三者的目标是不同的，"国家对风险的有效治理主要集中在风险控制、风险分摊和风险吸纳三个方面，是为实现控制或减缓各种风险的目标，国家直接凭借外部权威，靠指示、命令来计划和建立的一种建构的秩序"①。秩序的构建最终还是要通过社会来实现，必须在日常生活视域下予以呈现。市场对风险的治理则体现在对灾害风险的利用并转化利润上，市场主体——企业在灾害风险利用的过程中直接面对单一农户的实践是惨痛的，规模化经营和产业化运作是农业保险等风险转移机制有效运作的基石，因此其不可能也不应该直接面对农户，而是需要社区或农民合作组织这样的社会主体的介入。"无论是学界还是政界，往往对灾害综合管理总是基于经济学的视角，极大忽视了社会效益和人文精神的理念。"② 社会主体的介入可实现灾害风险管理视角的多元化，将灾害风险治理纳入日常生产生活之中，实现灾害风险应对的社会秩序化，这是社会本身的目标，也是国家的追求目标之一。

2. 重建社区是现实需要

社区是"社会"的重要构成，是整个社会的微观基础。农村社区尤其是贫困村社区的现代化程度远远不高，相对于城市社会，农村乡土社会似乎是静止的。"乡土社会，当他的社会结构能答复人们生活的需要时，是一个最稳定的社会。"③ 但从研究发现来看，贫困村社区在灾害风险应对方面是无力的，也是无作为的，原因在于贫困村社区行动能力的下降。关于改革开放以来，国家对社区的控制程度及社区的行动能力水平是有所下滑还是有所提升至今仍处于争论之中，本研究结论认可"下滑"的观点。市场经济促使乡村社会走向开放，这破坏了此前的全权主义的控制模式。高度集中的政治权力以及国家权力是乡村社会的全面渗透结束后由于基层政权特别是贫困地区基层政权行动能力弱化，对上级资源依附的程度大大提高。市场的成长和社会的发育改变了资源分配结构，产生了大量替代性资源，为贫困村社区提供了物质消费的机会和非农就业的发展机会。

---

① 辛勇、王仕军：《论社会风险的秩序化治理与秩序化风险的合作网络治理》，《社会科学研究》2009 年第 6 期。

② 郑亚平：《自然灾害经济管理机制研究》，《自然灾害学报》2009 年第 5 期。

③ 费孝通：《乡土中国生育制度》，北京大学出版社 1998 年版，第 78 页。

但市场未能为贫困村的灾害风险应对提供较好的契机。目前的贫困村社区是松散的，农户的原子化趋势十分明显，由于贫富分化和外出务工，人们关系日渐疏远，具体表现为：其一，人们将房子建在路边或镇上，村庄居住格局零散化；其二，打工的人返乡的人少、守护土地意识的丧失；其三，公共意识的衰退，使得公共产品后续管理或供给无法维持；其四，社区集体经济的衰落，使得集体行动受到约束；其五，社区内部贫困分化、职业分化严重，集体动员、组织与整合的难度增大；其六，个人意识的觉醒，理性化程度提高，权利实现特别是利益维护成为农户交往互动的动机之一，单一农户可行力提升，对集体不再依赖，社区共同体日益瓦解。因此，生活的现代化张力使得社区集体力量弱化，无法适应生产活动现代化水平不高的现实。"新的环境发生了，人们最初遇到的旧方法不能获得有效的效果。"① 长久以来，农村社区灾害风险的应对一直依赖家族、宗族和亲属关系网转移着风险的不确定性。曾经在 20 世纪中叶至 80 年代，我们依赖乡村社会的集体化来应对着各种灾害风险，但后来由于家庭联产承包责任制的实施，农户又变成了灾害风险冲击的直接对象，社区重建便成为一种趋势。

3. 重建社区的政策设计

目前，贫困村社区重建政策有着两个渠道：新农村建设与扶贫开发。在新农村建设中，社区建设是重要一环。在扶贫开发中，整村推进以贫困村社区为瞄准对象，通过基础设施修建、公共服务供给、组织能力建设和产业发展，客观上促进着社区集体组织化水平和组织机构领导力的提升，推动着集体经济的发展，实现着贫困村社区自我可持续的政策目标，所以它的本质是一种社区建设。因此应该：

第一，将新农村建设与扶贫开发相结合，夯实贫困村灾害风险应对的经济社会基础。当前，新农村建设更多发生在经济发展较好的富裕社区，贫困村社区的新农村建设特殊性并没有得到足够的关注，相对于较少的发达富裕社区，规模比较庞大、发展比较落后的贫困社区更是新农村建设的"硬骨头"。从各地实践来讲，在很多地区的整村推进过程中，都将新农村建设作为一个标准，将二者相结合。当下，"以城市反哺农村、工业反

---

① 费孝通：《乡土中国生育制度》，北京大学出版社 1998 年版，第 77 页。

哺农业"城乡统筹发展战略和"多予少取"的工作方针为新农村建设指引了方向，通过公共服务城乡一体化建设，提高贫困村社区公共服务水平，培养新型农民，提高社区组织化和集体化水平，促进贫困村生计的可持续改善是贫困村新农村建设的首选，不仅可以整体上提高社区经济社会发展水平，还能提升社区灾害风险内部治理水平。

第二，以扶贫开发引领社区建设，构建贫困村灾害风险应对的共同体。社区是社会的组织细胞，也是灾害风险应对的基本单位。倚重社区解决社会问题是现代社会治理的重要形式，社区建设便是一种前提性的工作，可以为社会政策在基层落实、各种力量在基层整合、公共服务向社区延伸、社会矛盾在社区化解提供了基本依托和组织载体。"从国外社区发展的历史来看，主要经历了三个阶段：即早期的社区救助、社区发展以及整合性的社区发展。"① 贫困村社区建设应该以社区救助和社区发展为首选，其次才是整合性的社区发展。在其中要关注的是社区共同体的构建，从而形成社区集体化行动。社区集体化行动是指以一定地域范围内的居民、群体、组织为主体的，为了解决公共问题或提升公共福利而发起的集体行动过程。无论是产业发展、灾害风险应对还是其他内容，都需要一个社区集体化状态。社区行动的关键在于农户间互动网络的编制和公共意识的塑造，基础在于集体经济的壮大，发展集体经济，将农民有效组织起来和塑造公共意识便是社区灾害风险应对共同体构建的三大途径。

二 捍卫基层：提升基层政府灾害风险治理能力

1. 基层政府是灾害风险治理的微观承载体

"基层政府是国家政权的基础，良好的基层政府治理是构建社会主义和谐社会的有效保障。"② 能否推进公共服务均等化，实现城乡统筹协调

① 黎熙元、童晓频、蒋廉雄：《社区建设——理念、实践与模式比较》，商务印书馆2006年版，第37—42页。

② 李安增、周振超：《社会主义和谐社会视角下的中国基层政府治理》，《政治学研究》2008年第2期。

发展很大程度上取决于基层政府。从政策执行角度讲，基层政府是政策执行的关键，没有地方政府的执行，就失去了政策的意义和价值。地方政府不仅仅是普遍性灾害风险的受害者，而且更是地域性灾害风险的受害者。在贫困村，更多的灾害风险是狭小地域性的，可能不能引起国家的关注，基层政府就成为灾害风险治理的主体。同时，基层政府是国家灾害风险治理政策的执行者，更是社会组织、企业等外界组织干预的协调者、组织者和后勤保障提供者。村民自治与基层政府治理的有效衔接和良性互动是新时期推进新农村建设的迫切要求，更是贫困村灾害风险治理的需要，其实质是二者关系的协调通畅和清除"中间梗阻"现象。因此，必须将基层政府的可行动能力提升放在首位，明确基层政府的职能，实现灾害风险治理的基层化。

2. 捍卫基层是社会治理的必然

研究结论显示：贫困村灾害风险应对的有序化是国家与家庭互构的结果，基层政府的可行动能力是非常微弱的，导致灾害风险应对的国家与家庭的断裂。国家政策体系和行动能力都很强大，农户也积累了丰富的灾害风险应对经验，但无法通过基层政府有效对接起来。另外国家有关灾害风险管理和社会安全网的社会政策注重个人的权利，对以家庭为单位的农户关注不足，这需要地方政府来进行弥补。贫困村农户在恶劣的自然条件下和剧烈的社会变迁过程中生产生活是非常不易的，因为所处地理位置的边缘性和政策运行的边缘性，使得其无法跟上社会变迁的节拍。在正规的灾害风险应对机制尚未有效运行、非正规的机制如家庭、社会关系网等提供的保障并不确定且在社会变迁情况下有被抛弃的可能，导致国家、市场等外界主体介入贫困村灾害风险应对的努力成效不足，这一切都与地方政府的行动能力不足有关。在我国科层制政府体系下，地方政府的自主权萎缩，特别是贫困地区基层，不再是国家汲取资源的来源地，基层政府成为国家资源的依附者，这样贫困地区基层政府在政策执行和资源不足双重束缚下，日益成为上级政府的执行者，而丧失地方社会发展的主导权。不过，包括灾害风险应对在内的诸多工作的责任主体或执行环节主体都是基层政府，权力少、责任多和可行动能力不足制约贫困村灾害风险应对能力提升的瓶颈因素。何况，国家介入、市场参与都需要基层政府的协作，社会问题的治理离开基层政府无法实现。

3. 捍卫基层的政策设计

基于贫困地区社会经济发展的现状，基层政府不仅仅是经济发展的主导者，也是社会保障等公共服务的提供者，更是地方社会的培育者。贫困村社区有着很强的外部依赖性，客观上要求基层政府不能仅仅是服务型政府，还应该是"全能主义"政府。尽管模式被学者们所批判，但学者的批判的立场是基于现代发达社会的现实，其观点是不适合贫困地区。曾经有学者在《为什么基层政府不欢迎扶贫项目》[①] 文章中讲述乡村基层政府权力被削弱而责任则被扩大的事实，应该捍卫基层政府的权力不仅应该是职能设计方面考虑，还要考虑基层政府的瓶颈因素。

第一，以责任分担为途径，重建基层政府的职能。在中国，很多公共事务是中央、地方和基层共治才能完成的。我们常常认为中央政府是政策法规设计者，地方政府是执行者，在实践中也是如此，基层政府基本成为了上级政府的执行者，由于"吃饭财政"所产生上级政府的依赖和"财政转移"不足，贫困地区基层政府成为上级政府的任务完成者，丧失了地方事务的主导权。因此，我们不是以应该承担的职能为基础划分各级政府的事权，而是在统一领导、分级管理思想指导下共同参与对同一事项的管理，这是现实所需，更是贫困地区上级政府参与基层政府所辖事务管理的客观表现。

第二，推行"财权"下移，提高基层政府的可行动能力。在当下的中国，项目治国是社会治理的常用形式，以项目形式获得财政支持是基层政府开展工作的手段。上级政府对项目资金"专款专用"或者"配置配套资金"等要求，客观上导致财权的上移。由于税费改革农业税的取消，基层政府没有了从社区汲取资源的能力，可行动能力大大下降，不作为、无法作为成为客观事实，以项目进行治理的形式导致了地方财权的上移。因此，贫困地区应该取消弱化项目制，以整体拨付的形式，将财务下移，赋予基层政府财政支付的自由权，从而提高基层政府公共事务开展的自由度。只有这样，才能在国家与农户间建立联系，形成国家、基层政府与农户三者互构的局面，实现灾害风险应对的多元互动。

---

① 陈讯：《为什么基层政府不欢迎扶贫项目》，《中国乡村发现》2012 年第 2 期。

第三节　相关议题讨论

一　农民对灾害风险持什么态度

社会文化研究显示："风险是在日常生活中以大众媒体、个人经验和生活阅历，本地记忆、道德信念以及个人判断的话语为依据而构建出来的。"① 可见，在建构主义语境中，灾害风险是被建构出来的，影响建构的因素（如果在贫困村适用的话）中比较重要的是个人经验、生活阅历、本地记忆和个人判断。如果说把灾害风险当作已经发生的事件来看，建构主义范式的解释似乎不太合适，而如果用来解释农民以指向未来从而减少损失增加生活的确定性，那么基于灾害风险评估之后的理性决策过程中的灾害风险肯定以"图景"显现于决策者脑海之中，那么如何认知灾害风险、判断灾害风险真的是非常重要的现实问题，"农民对灾害风险持什么态度"已经成为贫困村风险应对研究的核心命题。

在传统学者眼中，农户是厌恶风险，追求安全第一的，也有学者认为农户对灾害风险的态度有厌恶、喜爱和无所谓。在贫困村社区内部，"丰裕的农户"与"贫困的社区"是并存的，富有的农户积极采取应对灾害风险的措施，而贫困户是无能为力的，有能力应对的农户是个体化应对，渴望集体应对的农户是无力而为，可见贫困村农户对灾害风险的态度是不同的。以外出务工为生计的农户对灾害风险的态度是无所谓的，毕竟发生在社区的灾害对其生计的影响在大大降低，而以农业为生计来源的农户对灾害风险体现出了更多的厌恶。可见，农民对灾害风险的态度并不是一致的，而是取决于家庭生计的类型。同时研究又发现，贫困户对灾害风险应对是不太积极的，按理说他们应该是厌恶灾害风险的，但又不乐于采取措施，"厌恶"但不"排斥"等复杂的态度是存在的，普遍性的原则或逻辑无法解释经验研究中差之千里的发现，这些发现似乎都与研究结论的形成

---

① ［英］彼得·泰勒—顾柏、［德］詹斯·O. 金：《社会科学中的风险研究》，中国劳动社会保障出版社 2010 年版，第 53 页。

有关，与研究主题关系更为密切，但研究时间、方法与相应的知识体系决定了无法全部了解农民对灾害风险的态度，况且是来自不同地域的、非体系化（原因在于不是以灾害风险为研究主题）的资料更难获得普遍性理解。农民对风险到底是什么态度？至今仍是困扰笔者的一个问题。

二 如何对待灾害风险应对的地方性知识

研究发现，贫困村灾害风险应对的传统经验与模式在村庄共同体内仍旧发挥着重要的作用。相对于现代普遍性的应对方式，传统经验与模式更多地属于地方性知识范畴。所谓地方性知识就是指由处于特定自然与社会环境中的特定族群与地域群体，在其长期的历史实践过程中所创造，并经世代相传，不断沉淀、过滤和积累起来的，具有鲜明地域特色和独特民族色彩的知识体系，其构成并体现了特定族群和地域群体的生产、生活方式。地方性知识的表现为"（1）神话和传奇；（2）隐含在日常自然语言之中的知识；（3）宗教知识；（4）神秘知识；（5）哲学——形而上学的知识；（6）数学和自然科学的实证知识以及人文学科；（7）技术方面的知识"①。这些地方性知识，是我们重新认识灾害风险的知识来源，特别是贫困地区的灾害风险管理与减贫相关政策的来源以及灾害风险管理与减贫经验多元化的基础和本土化的载体。

关于灾害风险管理与减贫的地方性知识较多存在于传统落后的贫困社区。在现代社会中，"传统"是被现代逐渐整合的。贫困社会与现代社会是社会断裂的具体体现，如何很好地将传统的地方性知识有效整合到现代技术工具之下，确实是个较难的工作。笔者认为应该：第一，坚持与贯彻文化相对主义价值观，改变"文化中心主义"传统观念，以他者的眼光认识与理解地方性知识，去查知外人难以理解的微妙精细之处，才能在面对地方性知识的时候避免想象与偏见；第二，承认地方性知识的合理性，这是对待地方性知识的一种最起码态度，"社会承认是现代社会实现社会整合的重要方法"；第三，恰当运用地方性知识。"人们总以为，主张地方性知识就是否定普遍性的科学知识，这其实是误解。按照地方性知识

---

① ［德］马克斯·舍勒：《知识社会学问题》，华夏出版社 2000 年版，第 71 页。

观，知识究竟在多大程度和范围内有效，这正是有待于我们考察的东西，在灾害风险管理与减贫实践中，我们不能简单将地方性知识理解为一种特定地域意义上的知识，更应该是考虑其余地域特定的自然、经济与社会情景的适应性程度。"①

　　未来的社会政策决定了贫困人群的生存与发展，更决定了贫困村的灾害风险治理格局，地方性知识如何进入到国家"社会政策体系"之中，确实是个难题。毕竟不同的地方其知识有着很大的差异，进入政策体系的多寡影响到社会政策的普遍性程度。国家层面的社会政策有着其强制性和普适性特征，最大限度的普遍性即是其内在要求。最大限度的普遍性和特殊性的地方性知识之间的衔接确实是个值得研究的问题。

三　反贫困与灾害风险应对如何兼容

　　在贫困研究范式中，贫困的文化解释及贫困的能力解释都不同程度地论述了贫困与灾害风险间的关系及风险对贫困人群所造成的影响。灾害风险的社会科学结论也是灾害风险在不同阶层有着不同的分布并造成不同的影响。"研究表明，贫困者每一种行为方式中，都存在一定的合理依据，但同时这种行为又对于他们的贫困产生了直接影响。贫困小农经济行为的合理性要用家庭生活预期、社会生活的合理性来解释。贫困者行为理性体现在：每一个环节上的行为理性积淀，客观上却导致了小农总体行为的非理性结果。每一种改善贫困、防御风险的行为最终却导致为贫困化。"②"可见，从理论上来讲，反贫困行动必须进行灾害风险治理，而灾害风险应对依赖于贫困脆弱性的降低。这一点，学者们已经进行了充分的论证。"③

　　贫困村是前现代风险与现代风险并存的社区，前现代风险类型主要是灾害风险，传统的应对模式基本是在社区内部进行的，但对外界主体有着

　　①　[德] 阿克塞尔·霍奈特：《分裂的社会世界》，王晓升译，社会科学文献出版社2011年版，第29页。

　　②　周彬彬：《贫困的分布与特征》，《经济开发论坛》1993年第2期。

　　③　具体参见黄承伟、陆汉文主编《汶川地震灾后贫困村重建进程与挑战》（社会科学文献出版社2011年版）中的相关主题讨论。

很强的期望。社区自主模式是社会学者们所追求的目标，但受到诸多因素的挑战。比如，贫困村社区农户生计类型的多元化和农户间的利益分化。在村落社区的发展方面，分化的结局就是集体的贫困被归咎于脆弱的个体与群体，作为理性行动者，人们普遍采用"搭便车"行为导致公共空间退化。"是否愿意采取集体、组织化行动，取决于自己的成本收益核算。"① 这种个体理性对于以组织的形式应对灾害风险不是不愿意，而是没有办法遭遇不公平的"搭便车"行为。"在集体行动中，农民不是根据自己实际得到的好处来计算得失，而是根据与周围人的收益比较来权衡自己的行动，不在于自身能得到和失去多少，而在于其他人不能白白地从自己的行动中得到额外的好处。"② 研究中已经发现这一问题，且生计类型和经济状况不同影响着灾害风险应对的资源投入，可见在贫困村社区层面就面临着如何"集体行动"应对灾害风险的难题。

在国家、社会等外界主体对贫困村灾害风险与贫困进行治理的时候，扶贫开发是很重要且已成熟的政策与资源平台。避灾农业项目贫困村社区问卷调查显示，在近十年来所实施的扶贫开发项目中，有 79.2% 的贫困村实施了道路改造项目，30.7% 的贫困村修建了农田水利设施，实施农网改造、产业发展、劳动力转移培训、农业技术培训、村基层组织建设、社会事业发展及扶贫搬迁项目的贫困村所占全部样本贫困村的比例分别为 70%、57.3%、51.3%、40%、60.7%、22.9% 和 31.5%。基础设施、农田水利设施、技能技术培训、公共服务设施、产业发展等具体项目客观上都提高了贫困村的灾害风险应对能力。由于以往未将灾害风险的不确定性纳入行动选择考量的因素序列之中，贫困村的风险分布受到现代化（整村推进）因素的制约，扶贫开发实施过程未对传统风险进行有效应对，未将灾害风险纳入减贫行动因素之中，反而加剧了环境风险、市场风险、技术风险的发生频率。应该针对灾害风险、应对策略及贫困三者进行同时干预，才能重构贫困村经济秩序、政治秩序、文化秩序及社会结构。本研

---

① 黄胜忠：《转型时期农民专业合作社的组织行为研究：基于成员异质性视角》，浙江大学出版社 2008 年版，第 43 页。

② 贺雪峰：《熟人社会的行动逻辑》，《华中科技大学学报》（人文社会科学版）2004 年第 1 期。

究认为扶贫开发对贫困村来说，有着输入资源和提高其可持续发展能力的效果，进而提高了贫困村灾害风险应对能力，而提高其灾害风险管理与危机应对能力则可以削弱灾害风险对贫困村发展的负面效应，可以有效巩固扶贫效果，因此应该探索二者相结合机制。（见图8—1）在实践中，扶贫部门已经在汶川地震之后进行了尝试，但很多问题尚未理清：

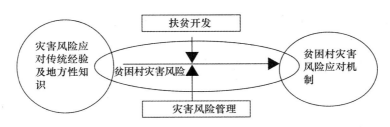

图8—1　贫困村灾害风险应对机制构建路径示意图

1. 扶贫开发与灾害风险管理相结合政策该如何制定？制定的依据是什么？关键的问题是谁来主导？政策实施的平台是什么？

2. 贫困治理与灾害风险治理的逻辑差异在哪里？贫困更多的是经济维度，灾害风险则是生态维度，两者作用的对象分别为人和自然。尽管二者有着"唇亡齿寒"的相依关系，但对于社会政策来讲，之间的界限越清晰，政策制定越具有针对性，政策效果越好。

3. 贫困治理与灾害风险治理的长效机制如何构建？灾害风险治理政策体系的内容首先是灾害治理，其次是社区及农户层面的灾害风险认知与行动选择的干预，后者至关重要。因此，良好的政策体系及健全的社会支持系统是确保灾害风险治理与贫困治理相结合的关键。问题是现有的扶贫开发长效机制并没有很好地促进贫困村社区的组织建设与能力提升，内生型发展格局并未实现。

4. "外援"如何促进"内生"？在国外，社区及农户是社区防灾减灾的主要模式，其依赖于社区内部来完成，外部援助仅仅是一个支持。调查显示，贫困村社区及农户有着较强的外援依赖，传统模式（武陵山区贫困村模式）和现代模式（汶川地震灾区 UNDP 项目模式）的乡土实践都表现了这样的问题。当前，我国扶贫开发政策的诉求是通过开发实现贫困地区的发展，但在贫困村外援式发展仍是主流，"外援"并没有很好导致

"内生"，同样的问题考验着扶贫开发与灾害风险管理相结合政策的效果。

四 "风险"是如何嵌入到"秩序"与"进步"之中的

农村是个风险社会，且农村的各种风险因素较为复杂，有灾害风险、市场风险、技术风险甚至还有社会风险，农民教育权利风险、职业福利风险等，这些风险作用面是不同的，有的导致了收入的不确定性（收入风险）、有的导致权利与福利的不确定性、有的导致政策的不确定，这些风险最终导致收入与支出的不确定性，归结于日常生活层面就是生计风险。对于贫困村和贫困户来讲就是返贫的风险，这就是我们所说的贫困脆弱性。

笔者一直认为，"风险社会"属于建构主义而非现实存在的社会形态，只是学者对人类社会发展反思范式的一种思考而已，但并不否认大量风险的存在。如果研究风险社会就应该来寻找社会实体中的"风险"是如何嵌入"秩序"之中并主导了"秩序"的存在。

在贫困村乃至更大范围的贫困地区，风险与生存、生活、发展密不可分。"发展与风险密不可分，实际上发展路径的选择其实质就是基于风险的决策。"① 基于发展的现在决策是未雨绸缪原则的利用，它通过理性评估来实现，理性评估的基础是什么？肯定不只是风险，现有的社会秩序必定是重要的基础，这样一来，风险就成了跨越"结构"抵达"发展"的阳光大道，坚守传统秩序的同时力求进步，从而实现秩序的优化，"结构—风险—发展"的逻辑关系变化是毋庸置疑的。由此说来，在风险的不确定性影响下，既有的社会秩序最具确定性，而"进步"之后的社会秩序具有确定性，恰恰是"现在"的行动者所追求的。由此风险是作为行动刺激物的未然事件存在于"进步"之中的。

笔者清晰地知道：上述内容肯定了贫困村社区既有社区的结构（秩序），但同样存在的是：在风险面前，既有的结构也可能变成"特洛伊木马"。既有秩序是灾害风险生长、开花和繁殖的土壤，必须进行适当的干

---

① ［英］彼得·泰勒—顾柏、［德］詹斯·O. 金：《社会科学中的风险研究》，中国劳动社会保障出版社 2010 年版，第 6 页。

预。"风险属于进步就像起伏颠簸属于高速行驶的船只"①，一切又不那么肯定。这种自我内心的批判式内斗一直困扰着笔者，以至于不知道如何叙事，告诉自己一个可信的答案。

"行动者、理性选择与时空"是解释"风险"、"秩序"与"结构"的一个框架。那么除此之外的框架呢？肯定是存在的，另外，"从风险文化的角度来看，风险是认知的结果，不同文化语境下有不同解释话语，不同群体对于风险的应对都有着自己的理想图景，因此风险应该是一种文化，而不是一种社会秩序"②。我们知道，文化依存于非制度性的和反制度性的社会状态之中，这种观点几乎颠覆了本研究所有的常识性努力，所以说在不同的话语之下有着不同的解释。笔者限于目前的思维框架和文献基础，无法走出既有的窠臼，寻找到突破口。

---

① [德] 乌尔里希·贝克：《风险社会》，何博闻译，译林出版社 2004 年版，第 51 页。
② 杨雪冬：《风险社会与秩序重建》，社会科学文献出版社 2005 年版，第 28 页。

参考文献

外文部分

Armando Barrientos. 2007. *Doesvulnerability. Create poverty traps.* CPRC Working Paper 76, Institute of Development Studies (IDS) at the University of Sussex, Brighton, BN1 9RE, UK.

Atomic EnergyCommission. 1975. *Reactor Safety Study: An Assessment of Accident Risks in US Commercial Power Plants (WASH 1400).* Washington, DC.

Berkes F., Folke C., Eds. 1998. *Linking Social and Ecological Systems: Management Practices and Social Mechanisms for Building Resilience.* Cambridge: Cambridge University Press.

Bishnu Pandey, Kenji Okazak. 2006. *Community Based Disaster Management: Empowering Communities to Cope With Disaster Risks.* http://unPanl. un. org/intradoc/grouPs/Publie/doeuments/un/unPan02098. Pdf.

Burton I., R. Kates, G. White. 1978. *The Environment as Hazard.* New York: Oxford University Press.

C. E. Fritz. 1961. "Disaster". In R. K. Merton & R. A. Nisbet (eds.). *Contemporary Social Problems.* New York: Harcourt.

Christiaensen, Lue J., and Kalanidhi Subbarao. 2004. *Toward an Understanding of Household Vulnerability in Rural Kenya.* Word Bank Policy Research Working Paper, No. 3326.

Dake K., Wildacsky. 1991. A. Individual Differences in Risk Perception and Risk-taking Preference. In Garrick B. J. and Gekler W. C. ed. *The Analy-*

sis, Communication, and Perception of Risk. New York: Plenum Press.

Drabek T. , J. Taminga T. Kilijanek & C. 1981. *Adams Managing Multi-organizational Emergency Responses: Emergent Search and Rescue Networks in Natural Disasters and Remote Area Settings.* Boulder. Institute of Behavior Science, University of Colombia.

Fafchamps, Marcel. 1999. *Rural Poverty, Risk and Development.* Food and Agriculture Organization of the United Nations Press.

Fritz, C. Disaster. in Merton, R. R. Nisbet (eds.) . 1961. *Contemporary Social Problems: An Introduction to the Sociology of Deviant Behavior and Social Disorganization.* New York: Harcourt, Brace, and World.

G. A. Kreps. 1984. *Sociological Inquiry and Disaster Research,* published in Annual Review of Sociology, Vol. 10.

Gunderson L. H. , Holling C. S. eds. 2002. *Panarchy: Understanding Transformations in Human and Natural Systems.* Washington. DC: Island Press.

Holling C. S. 1973. Resilience and Stability of Ecological Systems. *Annual Review of Ecology and Systematics,* 4.

Huntington, S. 1992. the third wave: Democratization in the Late Twentieth Century. Norman: Yale Univircity Press.

IPCC. 2001. *CLIMATE CHANGE 2001: Impacts, Adaptation, and Vulnerability.* Cambridge: Cambridge University Press.

Jamal Haroon. 2009. Assessing Vulnerability to Poverty: Evidence from Pakistan. *Research Report,* No. 80.

Janssena M. A. , Michael L. , Schoon W. K. , et al. 2006. Scholarly Networks on Resilience, Vulnerability and Adaptation within the Human Dimensions of Global Environmental Change. *Global Environmental Change,* 16: 240—252.

Ligon E. and L. Schechter. "Measuring Vulnerability" . *The Economic Journal,* No. 2003.

Marcel Fafchamps. 2004. *Rural Poverty, Risk and Development.* Edward Elgar Publishing, February.

N. Luman. 1993. *Risk: A Sociological Theory.* Berlin: de Gruyter.

NRC（National Research Council, Committee on the Institutional Means for Assessment of Risks to Public Health）. 1983. *Risk Assessmentin the Federal Government*：*Managing the Process*. Washington, DC：National Academy Press.

Pandey, S., Behura, D. D., Villano, R. and Naik, D. 2000. *Economic Cost of Drought and Farmers' Coping Mechanisms*：*A Study of Rainfed Rice System in Eastern India*, discussion paper of IRRI, No. 39.

R. W. Perrterrorism as Disaster, in H. Rodriohuez, E. L. Quarantelli & R. R. Dynes（eds）. 2005. *Handbook of Disaster Research*. New York：Spring.

Smit B. J., Wandel. 2006. *Adaptation, Adaptive Capacity and Vulnerability*. Global Environmental Change, 16.

Winter Halder, B. 1999. *Risk Sensitive Adaptive Tactics*：*Model and Evidence from Subsistence Studies in Biology and Anthropology*. Journal of Archaeological Research, 7.

World Bank. 2000. *Dynamic Risk Management and the Poor*, Developing a Social.

World Bank. 2001. *Social Protection Sector Strategy to Springboard*. Report.

Wiseman, R. M., Gomez-mejia. 1998. A Behavioral Agency Model of Managerial Risk Taking. *Academay of Management Review*, 23.

Weber EU, Anderson C. J., Birnbaum MH. 1992. *A Theory of Perceived Risk and Attractiveness*. Org. Behav. Hum. Decis. Process. 52.

中文部分

Luc Vrolijks：《减轻社区易损性——有助于地方发展的一个实际方法》，载《联合国国际减轻自然灾害十年论文精选本论文集》，2004 年。

［德］阿克塞尔·霍奈特：《分裂的社会世界》，王晓升译，社会科学文献出版社 2011 年版。

［德］斐迪南·滕尼斯：《共同体与社会》，林荣远译，北京大学出版社 2010 年版。

［德］乌尔里希·贝克：《从工业社会到风险社会（上海）》，王武龙

译，《马克思主义与现实》2003 年第 3 期。

［德］哈贝马斯：《公共领域的结构转型》，曹卫东等译，学林出版社1999 年版。

［德］马克斯·舍勒：《知识社会学问题》，华夏出版社 2000 年版。

［德］乌尔里希·贝克：《风险社会》，何博闻译，译林出版社 2004年版。

［法］雷蒙·阿隆：《社会学主要思潮》，葛志强等译，译文出版社2005 年版。

［美］E. A. 罗斯：《社会控制》，秦志勇、罗永正译，华夏出版社1989 年版。

［美］白苏珊：《乡村中国的权力与财富：制度变迁的政治经济学》，郎友兴、方小平译，浙江人民出版社 2009 年版。

［美］保罗·斯洛维奇：《风险的感知》，北京出版社 2007 年版。

［美］黄宗智：《华北的小农经济与社会变迁》，中华书局 2004 年版。

［美］刘国文：《多样化社会》，香港基石出版有限公司 2010 年版。

［美］鲁思·华莱士、［英］艾莉森·沃尔夫：《当代社会学理论：对古典理论的扩展》，刘少杰等译，中国人民大学出版社 2007 年版。

［美］罗维：《初民社会》，吕叔湘译，江苏教育出版社 2006 年版。

［美］乔纳森·H. 特纳：《社会宏观动力学：探求人类组织的理论》，林聚任、葛忠明等译，北京大学出版社 2006 年版。

［美］斯科姆斯：《猎鹿与社会结构的进化》，薛峰译，上海人民出版社 2011 年版。

［美］西奥多·舒尔茨：《穷人的经济学》，林华清译，《世界科学译刊》1980 年第 7 期。

［美］詹姆斯·斯科特：《农民的道义经济学：东南亚的生存与反叛》，程立显等译，译林出版社 2001 年版。

［英］安东尼·吉登斯：《社会的构成》，李康等译，生活·读书·新知三联书店 1998 年版。

［英］彼得·泰勒—顾柏、［德］詹斯·O. 金：《社会科学中的风险研究》，中国劳动社会保障出版社 2010 年版。

［英］大卫·丹尼：《风险与社会》，马缨、王嵩、陆群峰译，北京出

版社 2009 年版。

［英］玛丽·道格拉斯：《洁净与危险》，黄剑波等译，民族出版社 2008 年版。

［英］斯科特·拉什：《风险文化》，载芭芭拉·亚当、乌尔里希·贝克、约斯特·房龙编著《风险社会及其超越：社会理论的关键议题》，赵延东、马缨等译，北京出版社 2005 年版。

［英］菲利普·鲍尔：《预知社会——群体行为的内在法则》，暴永宁译，当代中国出版社 2010 年版。

［法］福柯：《规训与惩罚》，生活·读书·新知三联书店 1999 年版。

［印度］阿玛蒂亚·森：《以自由看待发展》，中国人民大学出版社 2002 年版。

安和平、周家维：《贵州南、北盘江流域土壤侵蚀现状及防治对策》，《水土保持学报》1994 年第 3 期。

蔡志海：《汶川地震灾区贫困村农户生计资本分析》，《中国农村经济》2010 年第 12 期。

曾家华：《风险与发展》，中共中央党校出版社 2007 年版。

陈成文：《社会学视野中的社会弱者》，《湖南师范大学社会科学学报》1999 年第 2 期。

陈成文：《扶贫开发的方式与质量》，《开发研究》1993 年第 2—3 期。

陈风波、陈传波、丁士军：《中国南方农户的干旱风险及其处理策略》，《中国农村经济》2005 年第 6 期。

陈文科：《中国农村灾害经济》，中国农业出版社 1999 年版。

陈讯：《为什么基层政府不欢迎扶贫项目》，《中国乡村发现》2012 年第 2 期。

陈贻娟、李兴绪：《风险冲击与贫困脆弱性——来自云南红河哈尼族彝族自治州农户的证据》，《思想战线》2011 年第 3 期。

陈运来：《我国农业保险仲裁的现实缺位及立法对策》，《中央财经大学学报》2010 年第 2 期。

程玲、向德平：《社会转型时期的社会风险研究》，《学习与实践》2007 年第 10 期。

丁士军、陈传波：《农户风险处理策略分析》，《农业现代化研究》2001 年第 6 期。

方修琦、殷培红：《弹性、脆弱性和适应——IHDP 三个核心概念综述》，《地理科学进展》2007 年第 5 期。

费孝通：《乡土社会》，上海人民出版社 2007 年版。

费孝通：《乡土中国生育制度》，北京大学出版社 1998 年版。

费孝通：《消遣经济》，载《费孝通文集》（第 2 卷），群言出版社 1999 年版。

费孝通、张之毅：《云南三村》，社会科学文献出版社 2006 年版。

费孝通：《江村经济》，商务印书馆 2001 年版。

冯伟：《农民工的风险与风险应对策略》，《农业经济》2009 年第 5 期。

冯文丽：《我国农业保险市场失灵与制度供给》，《金融研究》2004 年第 4 期。

符平：《贫困村灾后重建中的社会资本问题》，《人文杂志》2011 年第 2 期。

高峰：《社会秩序的结构论析》，《学术论坛》2012 年第 2 期。

管爱华、崔宜明：《"生存理性"与传统道德——中国传统农民的经济生活与价值诉求》，《探索与争鸣》2006 年第 6 期。

关信平：《经济波动：政府的社会干预如何行动》，《中国劳动保障报》2009 年 7 月 3 日。

郭伶俐：《贫困村贫困原因及对策研究》，《农村经济》2003 年第 7 期。

国家统计局农村社会经济调查总队：《2003 年全国扶贫开发重点县农村绝对贫困人口 1763 万》，《调研世界》2004 年第 6 期。

国情调查课题组：《脆弱性与贫困：江苏李庄村实证分析》，《现代经济探讨》2009 年第 7 期。

国务院扶贫办贫困村灾害恢复重建工作办公室：《灾害对贫困影响评估指南》，中国财政经济出版社 2010 年版。

郭强：《试论风险社会的应对机制——风险的知识社会学考察》，《西南大学学报》（人文社会科学版）2007 年第 2 期。

郭正阳、董江爱：《防灾减灾型社区建设的国际经验》，《理论探索》2011 年第 4 期。

韩伟：《参与式灾后重建的实践和思考——以四川省茂县雅都乡大寨村灾后重建调查为例》，《农村经济》2010 年第 10 期。

韩峥：《脆弱性分析和制图系统在中国扶贫项目的应用》，《中国农业资源与区划》2001 年第 1 期。

韩峥：《脆弱性与农村贫困》，《农业经济问题》2004 年第 10 期。

贺雪峰：《熟人社会的行动逻辑》，《华中科技大学学报》（人文社会科学版）2004 年第 1 期。

贺雪峰：《乡村社会关键词》，山东人民出版社 2010 年版。

何增科：《市民社会概念的历史演变》，《中国社会科学》1994 年第 5 期。

胡鸿保、姜振华：《从"社区"的语词历程看一个社会学概念内涵的演化》，《学术论坛》2002 年第 5 期。

胡志全：《农业自然风险分布及支持政策研究》，中国农业科学技术出版社 2010 年版。

黄承伟、[德] 彭善朴：《〈汶川地震灾后重建总体规划〉实施社会影响评估》，社会科学文献出版社 2010 年版。

黄承伟、陆汉文：《汶川地震灾后贫困村重建进程与挑战》，社会科学文献出版社 2011 年版。

黄承伟、王小林、徐丽萍：《贫困脆弱性：概念框架和测量方法》，《农业技术经济》2010 年第 8 期。

黄承伟、向德平：《汶川地震灾后贫困村救援与重建政策效果评估研究》，社会科学文献出版社 2011 年版。

黄辉祥：《"草根性"复归：村级组织的角色转换》，《当代世界与社会主义》2006 年第 6 期。

黄胜忠：《转型时期农民专业合作社的组织行为研究：基于成员异质性视角》，浙江大学出版社 2008 年版。

黄宗智：《华北的小农经济与社会变迁》，中华书局 2004 年版。

姜长云、孙自铎：《关于扶贫资金风险问题的初步研究》，《科学·经济·社会》1990 年第 6 期。

蒋和平、申曙光：《农业市场经营风险的转移》，《经济管理》1993年第 12 期。

蒋远胜、Von Braun：《中国西部农户的疾病成本及其应对策略分析——基于一个四川省样本的经验研究》，《中国农村经济》2005 年第 11 期。

柯武刚、史漫飞：《制度经济学——社会秩序与公共选择》，商务印书馆 2000 年版。

李安增、周振超：《社会主义和谐社会视角下的中国基层政府治理》，《政治学研究》2008 年第 2 期。

李伯华等：《社会关系网络变迁对农户贫困脆弱性的影响——以湖北省长岗村为例的实证研究》，《农村经济》2011 年第 3 期。

李冬妍、赵欣彤：《论我国农业保险制度建设中政府行为的优化》，《经济问题》2011 年第 6 期。

李宏伟、屈锡华、严敏：《社会再适应、参与式重建与反脆弱性发展——汶川地震灾后重建启示录》，《社会科学研究》2009 年第 3 期。

李健宏、王岩：《浅谈我国农业保险的问题及对策》，《农业经济》2011 年第 10 期。

李景宜、周旗、严瑞：《国民灾害感知能力测评指标体系研究》，《自然灾害学报》2002 年第 4 期。

李棉管：《贫困村灾后重建中的扶贫开发模式——"整村推进"与"单项突破"的村庄比较》，《人文杂志》2010 年第 2 期。

黎熙元、童晓频、蒋廉雄：《社区建设——理念、实践与模式比较》，商务印书馆 2006 年版。

李霞：《日常生活世界的主体性意义结构》，《齐鲁学刊》2011 年第 4 期。

李小云、叶敬忠等：《中国农村贫困状况报告》，《中国农业大学学报》（社会科学版）2004 年第 1 期。

李小云、董强等：《农户脆弱性分析方法及其本土化应用》，《中国农村经济》2007 年第 4 期。

联合国开发计划署：《汶川地震灾后恢复重建暨灾害风险管理项目简讯》（第 1—4 期），2009 年 6 月、2009 年 11 月、2010 年 1 月、2010 年

3 月。

刘纯阳、蔡铨：《贫困含义的演进及贫困研究的层次论》，《经济问题》2004 年第 5 期。

刘孚威、王明美、宋智勇：《灾害社会学》，载郑杭生主编《新世纪中国社会学"十五"回顾与"十一五"瞻望》，中国人民大学出版社 2006 年版。

刘鸿燕：《扶贫开发：灾后重建的长效良方》，《农民日报》2010 年 6 月 4 日。

刘娟：《中国农村扶贫开发的沿革、经验与趋向》，《理论学刊》2009 年第 8 期。

刘世定、邱泽奇：《"内卷化"概念辨析》，《社会学研究》2004 年第 5 期。

刘雪松：《有效防灾减灾体系新构建——从灾害共同体走向责任共同体和伦理共同体》，《自然灾害学报》2007 年第 1 期。

刘岩：《风险社会理论新探》，中国社会科学出版社 2008 年版。

吕芳：《西部农村社区减灾：问题与成因——以震后五个重点村为例》，《中国农村经济》2010 年第 8 期。

吕芳：《社区公共服务中的"吸纳式供给"与"合作式供给"——以社区减灾为例》，《中国行政管理》2011 年第 8 期。

麻勇恒：《嵌入苗族婚育文化中的宗教仪式与禁忌》，《贵阳学院学报》（社会科学版）2008 年第 3 期。

马成立：《开展灾害社会学研究的构想》，《社会学研究》1992 年第 1 期。

《马克思恩格斯选集》（第 1 卷），人民出版社 1999 年版。

马小勇、白永秀：《中国农户的收入风险应对机制与消费波动：来自陕西的经验证据》，《经济学》2009 年第 4 期。

马小勇：《中国农户的风险规避行为分析——以陕西为例》，《中国软科学》2006 年第 2 期。

马小勇：《中国农户的收入风险应对机制与消费波动》，中国经济出版社 2009 年版。

毛小苓、倪晋仁、张菲菲等：《面向社区的全过程风险管理模型的理论和应用》,《自然灾害学报》2006 年第 1 期。

毛正林:《规避与管理:风险社会中的行动逻辑》,《社会工作》(学术版)2011 年第 3 期。

民政部国家减灾中心、联合国开发计划署:《汶川地震救灾救援工作研究报告》,2009 年 3 月。

民政部国家减灾中心:《农村社区减灾能力建设研究报告》,2009 年 2 月。

潘斌:《社会风险论》,中国社会科学出版社 2011 年版。

彭大鹏、吴毅:《单向度的农村——对转型期乡村社会性质的一项探索》,湖北人民出版社 2008 年版。

钱宁:《基督教与少数民族社会文化变迁》,云南大学出版社 1998 年版。

丘海雄、张应祥:《理性选择理论述评》,《中山大学学报》(社会科学版)1998 年第 1 期。

瞿州莲:《浅论土家族宗族村社制在生态维护中的价值》,《中南民族大学学报》(人文社会科学版)2005 年第 3 期。

曲彦斌:《自然灾害研究的人文社会科学探索视点》,《文化学刊》2008 年第 4 期。

屈锡华、严敏、李宏伟:《抗灾与反脆弱性的社区发展——震后重建家园的警示》,《天府新论》2009 年第 1 期。

冉光和、鲁钊阳:《贫困村农民消费结构变迁研究》,《当代经济研究》2010 年第 9 期。

沙勇忠、刘海娟:《美国减灾型社区建设及对我国应急管理的启示》,《兰州大学学报》(社会科学版)2010 年第 3 期。

沈红:《扶贫传递与社区自组织》,《社会学研究》1997 年第 5 期。

沈红:《扶贫开发的方式与质量》,《开发研究》1993 年第 2—3 期。

沈小波、林擎国:《反贫困:认识的转变与战略的调整》,《中国农村观察》2003 年第 5 期。

宋树清:《试论贫困地区建立支柱产业的风险保障机制》,《中国农村经济》1991 年第 5 期。

宋艳琼、赵永、徐富海:《国际社区减灾三种模式比较》,《中国减灾》2011 年第 19 期。

郜秀军等：《外出务工对贫困脆弱性的影响：来自西部山区农户的证据》，《世界经济文汇》2009 年第 6 期。

苏新留：《民国时期河南水旱灾害与乡村社会》，黄河水利出版社 2004 年版。

孙晓娟、董殿文编：《社会保障学》，中国矿业大学出版社 2007 年版。

田红、彭大庆：《本土生态知识的发掘与生态脆弱环节》，《原生态民族文化学刊》2009 年第 2 期。

王标：《论农村社区合作与灾后重建》，《西南石油大学学报》（社会科学版）2009 年第 5 期。

王道勇、江立华：《居村农民与农民工的社会风险意识考察》，《学术界》2005 年第 4 期。

王国敏：《农业自然灾害与农村贫困问题研究》，《经济学家》2005 年第 3 期。

王海民、李小云：《贫困研究的历史脉络与最新进展述评》，《中国农业大学学报》（社会科学版）2009 年第 3 期。

王姮、汪三贵：《江西整村推进项目的经济和社会效果评价》，《学习与探索》2010 年第 1 期。

王建兵、王文棣：《西部民族贫困社区生活状况分析——东乡族、撒拉族和回族民族社区的实证研究》，《甘肃社会科学》2008 年第 2 期。

王凯：《转型中国：媒体、民意与公共政策》，复旦大学出版社 2005 年版。

王培华：《自然灾害成因的多重性与人类家园的安全性——以中国生态环境史为中心的思考》，《学术研究》2008 年第 12 期。

王寿丰：《贫困村党组织现状调查与思考》，《理论建设》1995 年第 1 期。

王文龙、唐德善：《生存风险、机会均等与贫困阶层发展》，《统计与决策》2007 年第 20 期。

王小强、白南风：《富饶的贫困》，四川人民出版社 1986 年版。

王子平：《灾害社会学》，湖南人民出版社 1998 年版。

汪汉忠：《灾害、社会与现代化：以苏北民国时期为中心的考察》，社会科学文献出版社 2005 年版。

吴毅：《村治变迁中的权威与秩序：20 世纪川东双村的表达》，中国社会科学出版社 2000 年版。

向德平：《社区组织行政化：表现、原因及对策分析》，《学海》2006 年第 3 期。

谢维营：《贫困的类型探析》，《延安大学学报》（社会科学版）2002 年第 1 期。

辛勇、王仕军：《论社会风险的秩序化治理与秩序化风险的合作网络治理》，《社会科学研究》2009 年第 6 期。

熊培云：《重新发现社会》，新星出版社 2010 年版。

徐慧清、王焕英：《风险社会中农民的风险意识与应对策略研究》，《中国农学通报》2006 年第 6 期。

徐文艳、沙卫、高建秀：《"社区为本"的综合社会服务：灾后重建中的社会工作实务》，《西北师范大学学报》2009 年第 3 期。

徐勇、邓大才：《社会化小农：解释当今农户的一种视角》，《学术月刊》2006 年第 7 期。

徐勇：《"政策下乡"及对乡土社会的政策整合》，《当代世界与社会主义》2008 年第 1 期。

薛庆国：《风险决策过程中的内隐心理研究》，生活·读书·新知三联书店 2011 年版。

亚洲备灾中心：《以社区为本的灾害风险管理》，2003 年。

杨磊、刘建平：《农民合作组织视角下的村庄治理》，《农村经济》2011 年第 6 期。

杨明：《过程/结构中的乡镇政权与运行机制研究——陕南陈村救灾重建过程的个案分析》，《中国农业大学学报》（社会科学版）2010 年第 1 期。

杨团：《社会政策研究范式的演化及其启示》，《中国社会科学》2002 年第 4 期。

杨雪冬：《风险社会与秩序重建》，中国社会出版社 2006 年版。

杨云彦、徐映梅等：《社会变迁、介入型贫困与能力再造——基于南水北调库区移民的研究》，《管理世界》2008 年第 11 期。

姚万禄：《现当代中国农民分化型态分析》，《甘肃理论学刊》2003 年第 4 期。

叶宏：《"社区灾害管理"是防灾减灾的基础》，《中国减灾》2010 年 4 月（上）。

张俊华：《社会记忆与全球交流》，中国社会科学出版社 2010 年版。

张琦：《贫困地区农村人口问题当议》，《西部开发》1990 年第 3 期。

张其奎：《扶贫专项贴息贷款风险的成因与对策》，《农村金融研究》1990 年第 2 期。

张晓：《水旱灾害与中国农村贫困》，《中国农村经济》1999 年第 11 期。

赵延东：《社会资本与灾后恢复——一项自然灾害的社会学研究》，《社会学研究》2007 年第 5 期。

郑宝华：《风险、不确定性与贫困农户行为》，《中国农村经济》1997 年第 1 期。

郑亚平：《自然灾害经济管理机制研究》，《自然灾害学报》2009 年第 5 期。

中国农村贫困定性调查课题组：《中国 12 村贫困调查》（理论卷），社会科学文献出版社 2009 年版。

中国农业大学人文与发展学院、国际农村发展中心：《大学生扶贫社会调研报告》，载刘坚主编《新阶段扶贫开发的成就与挑战：〈中国农村扶贫开发纲要（2001—2010 年）〉中期评估报告》，中国财政经济出版社 2006 年版。

周彬彬：《贫困的分布与特征》，《经济开发论坛》1993 年第 2 期。

朱启臻：《农业社会学》，社会科学文献出版社 2009 年版。

庄友刚：《跨越风险社会——风险社会的历史唯物主义研究》，人民出版社 2008 年版。

左停、唐丽霞等：《我国农村政策在贫困村的实施情况调查》，《调研世界》2009 年第 2 期。

后 记

本书是在我的博士论文基础上修改而成。回顾三年的博士生涯，我生活在如画的珞珈校园中，如影生涯一闪而过。满怀欣喜与忐忑，我结束了自己的博士生活。回想 2009 年"幸运儿"的自己，如无根花草落入沃土。在读博三年中，日落日起，恪守学术愿望，追逐人生的梦想。如今，三十而立，感悟时至。然而，面对今日自己，惭愧依然。"社会学是什么？"此类的命题依然无法给予较好的解答，怅然若失。羁鸟恋旧林，池鱼思故渊，留恋校园生活，留恋恩师教诲，留恋人生时光，留恋朋友深情。今日回到河南大学，回到启蒙老师身边，一段新岁月将会开启，喜悦与期待、忐忑与不安，思绪无法停止在过去与未来间穿梭。

我曾喜悦，亦曾无助。无论在河南大学读本科、兰州大学攻读硕士学位还是在武汉大学攻读博士，我都曾参与很多项目，在城乡之间了解社会，思考问题，曾在西北、西南、南部、中部地域众多省份留下自己的脚印，时常在多个文化领域、贫富地区流转。我出身贫寒，读书的生涯常常出现断炊情形，幸得父母兄姐、老师同窗的资助才得以继续。我曾为压力而苦恼，亦为其带来动力而欣慰。一路艰辛，一路前行，一路汗水，一路收获。收获的不仅仅有岁月，还有些许的成长。在社会学道路上，河南大学的马进举老师是我的启蒙老师，正是在他慷慨激昂的讲授过程中，我初尝社会学的味道，而后进入兰州大学师从陈文江教授研修文化社会学方向，恩师的学术视野、处世风格和谆谆教诲时常让我反思自己的当下。在三年博士生涯中，导师向德平教授的悉心指导与谆谆教诲如春雨入土促我成长。先生乃性情中人，知识渊博，治学严谨，于社会问题研究中寻求社会公平与正义。三个阶段，三位恩师，殊途同归但各有千秋，都以严谨的学术和积极的行动探索着社会的奥秘，寻找济世之道。无形中三位恩师学术科研与为人处世皆为我标尺，对我的学术和做人等方面都产生了很大的影响。

本书的成型和出版，离不开向德平教授的悉心指导。我初入学社会学博士，亦笨亦呆，我清楚地记得犯错时先生的谅解，亦清楚地记得求助时先生的帮助。先生大气却不乏细致，在平时的写作中，无论是论文的结构、表达方式，还是格式甚至是一个小小的标点符号，先生都细致耐心地修改，让人真的很感动。在本文的选题、研究设计和写作等各个阶段，先生事无巨细，将心血注入其中。毫不夸张地说，先生是我人生之路前进的贵人和恩人，于公于私都慷慨相助，感恩之情，难以言表。

其实，我进入武大读博实属偶然且幸运至极。"偶然之中有必然"，至关重要的是偶然的存在，没有偶然何谈必然。我的偶然般的幸运离不开桂胜教授的伯乐引荐。我曾课堂求学于恩师，亦曾单独求教于恩师，在知识、做人、做事等方面均受益颇丰。在论文开题与写作中，我曾多次求教恩师，每次他切中要害，指点迷津。罗教讲教授、朱炳祥教授等恩师，无论在平时学习和生活中，还是在论文构思、开题和写作中都给予我无私的关怀与指导，他们渊博的知识和负责、亲切的态度都让我如沐春风。在论文的外审和答辩过程中，吉林大学哲学社会学院田毅鹏教授、华中科技大学社会学系丁建定教授、华东师范大学社会发展学院文军教授、武汉大学社会学系慈勤英教授、厦门大学公共事务学院胡荣教授和上海大学社会学院张文宏教授为论文修改提出宝贵的建议，没有他们的建议，我就会因没有方向而无法进行博士论文的修改。

另外，我虽结婚，其实无家，爱人戚静在艰辛与飘零中与我相守，给予我感情慰藉与生活关怀，她与我在追逐梦想中活在当下，相知、相随、相惜、相依，在无奈与苦涩中坚守，其性情与品德可见一斑。我有一个和睦而又幸福的家庭，父母、兄嫂、姐姐等常给予我支持和关怀，特别是年近七十岁的父母在历尽各种困难和挫折后对生活仍保持着乐观、豁达的态度，依然对三十而立的我给予了太多的宽容，让我涕然。朋友相伴，精神富足。之所以如此，不仅源于环境更多地在于友情。客观地说，众多同学间形成了一个很好的"共同体"，在学习与生活中相互扶持、相互释怀，消除了诸多的困扰和孤独。无法忘记一起学习的岁月，无法忘记一起玩乐的时光。这一路上，正是因为有了同学相伴，我才一次次勇敢地挑战自己，破解困难，从而在迷茫与困惑中坚守乐观和坚强。

　　此书付梓出版，得益于河南大学哲学与公共管理学院专项经费支持。学院领导、同事为本书观点的形成和成稿出版给予了诸多知识支持和物资支持。由于本人能力有限，才疏学浅，书中某些观点还不够成熟，论述难免存在不完善之处，仍需精心打磨，疏漏之处请各位专家、学者、农村工作者、扶贫开发工作者多批评指正。

田丰韶于河南大学

2012 年 7 月